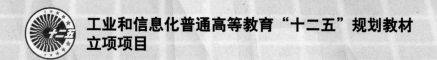

工业和信息化普通高等教育"十二五"规划教材
立项项目

微积分

（经管类）

（上册）

顾聪 姜永艳 主编

王宁 李晓 卜维春 丁箭飞 何建营 副主编

U0132792

人民邮电出版社

北　京

图书在版编目（CIP）数据

微积分：经管类. 上册 / 顾聪，姜永艳主编. --
北京：人民邮电出版社，2013.8
ISBN 978-7-115-31996-8

Ⅰ. ①微… Ⅱ. ①顾… ②姜… Ⅲ. ①微积分—教材
Ⅳ. ①O172

中国版本图书馆CIP数据核字(2013)第142399号

内 容 提 要

　　本套《微积分（经管类）》教材共有 10 章，分上、下两册。本书为上册部分，具体内容包括函数与极限、导数与微分、微分中值定理（作为一元函数微分学的组成部分），以及在此基础上的多元函数微分学.

　　本书的主要特点是：突出专业的特点和特色，按照专业需要进行教学内容的组织和教材的编写，突出应用性，解决实际问题，着重培养应用型人才的数学素养和创新能力. 本教材打破传统教材的编排特点，将一元函数和多元函数的微分学作为一个完整的体系编排在上册，而将一元函数和多元函数的积分学编排在下册，更加有利于学生对于微分学和积分学的学习方法和理论的延续和类比.

　　本教材可作为高等学校经济与管理等非数学本科专业的高等数学或微积分课程的教材，也可作为部分专科学校的同类课程教材使用.

◆ 主　　编　顾　聪　姜永艳
　　副主编　王　宁　李　晓　卜维春　丁箭飞　何建营
　　责任编辑　李海涛
　　责任印制　彭志环　焦志炜

◆ 人民邮电出版社出版发行　　北京市崇文区夕照寺街 14 号
　　邮编　100061　电子邮件　315@ptpress.com.cn
　　网址　http://www.ptpress.com.cn
　　北京鑫正大印刷有限公司印刷

◆ 开本：700×1000　1/16
　　印张：10.75　　　　　　　2013 年 8 月第 1 版
　　字数：256 千字　　　　　2013 年 8 月北京第 1 次印刷

定价：32.00 元

读者服务热线：(010)67170985　印装质量热线：(010)67129223
反盗版热线：(010)67171154

前言

Preface

《国家中长期教育改革与发展规划纲要（2010—2020）》指出，未来 10 年我国将在进一步提高高等教育大众化水平的基础上，全面提高高等教育的质量和人才培养质量. 作为高等教育质量建设的重要组成部分，课程建设处于质量建设的首要位置. 高等数学作为公共基础课程，在整个课程体系中处于核心地位. 高等数学（微积分）是高等院校理工类、经管类、农林类与医药类等各个专业的公共基础课程. 即使是以前对数学要求较低的某些纯文科类专业，也普遍开设了大学数学课程. 在应用型人才培养中，高等数学是本科院校的一门重要的基础理论课，对培养和提高学生的素质、能力、知识结构、逻辑思维、创新思维等方面起着极其重要的作用，直接关系到未来建设者能否适应现代社会经济、科学技术等方面发展变化的要求.

目前应用型高等院校所使用的高等数学或微积分课程的教材大多直接选自传统普通高校教材，教学内容多为理工类专业高等数学教学内容的精简和压缩，在知识体系大体相同，教学时间却大幅压缩的情况下，普遍存在重结论轻证明、重知识轻思想、重应用轻推导的授课方式，无法直接有效地满足实际教学需要. 且教学内容缺乏和经济管理知识的有机联系，难以达到"为经管类专业后续课程提供必要的数学工具"这一目标. 根据当前经管类专业学生的人才培养方案和高等数学等课程的实际开设情况，为了更好地适应国家关于应用型高校本科层次的教学要求，更好地培养经济管理类复合型人才，以专业服务和应用为目的，亟需编写本套教材.

本教材以保证理论基础、注重应用为基本原则，在保证知识体系的科学性、系统性和严密性的基础上，有如下特点.

（1）当前中学数学教学改革力度加大，造成了现有高等数学教材内容与中学数学内容有不少脱节和重复. 例如中学数学教学内容中未列入"极坐标"、"数学归纳法"、"反三角函数"等，却已讲过"极限"、"导数"等内容. 因此，本教材的选取和编写更加注重中学数学与高等数学的教学衔接.

（2）强调数学工具为经管类专业知识学习服务，不过于强调数学理论的完整性，淡化纯数学的抽象性，突出专业的特点和特色，按照专业需要进行教学内容的组织和教材的编写，突出应用性，解决实际问题，注重培养应用型人才的数学素养和创新能力. 例如把微积分在经济学中的应用作为完整独立的一章，既可以不打破微积分学知识体系的完整性，又可以为经管类学生提供重新认识微积分的应用价值的全新视角.

（3）传统的教材在教学内容上基本都是将一元函数微积分学和多元函数微积分学分开安排在上、下册，造成了学生经过一个学期的时间学习了一元函数微积分学之后，第二个学期在学习多元函数微积分学时，许多概念和公式需要重新复习对比．本教材打破传统教材的编排特点，将一元函数和多元函数的微分学作为一个完整的体系编排在上册，而将一元函数和多元函数的积分学编排在下册，更加有利于学生对于微分学和积分学的学习方法和理论的延续和类比．

（4）应用型本科院校的学生在中学阶段的数学基础不一样，进入大学后数学知识水平参差不齐，致使学生的接受水平和接受能力存在差异，因而需要实行分层次教学，因材施教．本教材在编写上由浅入深，设置部分带*号的内容以适应分层次教学的需要，并在附录中加入预备知识等，供学生查阅．同时在复习题的选取上，分为基本题（A级）和提高题（B级）两级，A级以教学大纲为本，B级则和考研的要求接轨．

全书共分 10 章内容，分上、下两册．上册由第 1 章到第 4 章组成，包括函数与极限、导数与微分、微分中值定理（作为一元函数微分学的组成部分），以及在此基础上的多元函数微分学．下册由第 5 章到第 10 章组成，包括不定积分、定积分、二重积分（组成积分学的内容），还包括无穷级数、微分方程与差分方程，最后是微积分在经济学中的应用．

本教材可作为应用型高等学校经济与管理等非数学本科专业的高等数学或微积分课程的教材，也可作为部分专科学校的同类课程教材使用．

编　者

2013 年 5 月

目录
Contents

第1章 函数与极限

函数是现代数学的基本概念之一，是高等数学的主要研究对象. 函数反映了现实世界中量与量之间的关系. 我们在初等数学中已经学习过函数的相关知识. 本章中将对函数的概念进行系统复习和必要补充，为以后的学习打下必要的基础. 同时对数列和函数的权限的概念、运算性质及计算方法进行系统的回顾和介绍.

第1节 函 数

一、集合

1. 集合的概念

一般，具有某种特定性质的事物的总体称为集合，简称集. 其中组成集合的各事物叫作集合的元素或简称元. 例如，某间教室里的全体学生构成一个集合，其中每一个学生为该集合的一个元素；自然数的全体组成自然数集合，每个自然数就是它的元素；等等.

通常用大写英文字母 $A, B, C, \cdots$ 表示集合，用小写的英文字母 $a, b, c, \cdots$ 表示集合的元素. 若 a 是集合 A 的元素，则称 a 属于 A，记作 $a \in A$；若 a 不是集合 A 的元素，则称 a 不属于 A，记作 $a \notin A$. 含有有限个元素的集合称为有限集；由无限个元素组成的集合称为无限集；不含任何元素的集合称为空集，用 $\varnothing$ 表示.

表示集合的方法通常有以下两种：列举法和描述法.

列举法就是将集合中的全体元素一一列举出来，写在一个大括号内. 例如，由元素 $b_1, b_2, \cdots, b_n$ 构成的集合 B 可以表示成

$$B = \{b_1, b_2, \cdots, b_n\}.$$

描述法是指明集合元素所具有的性质. 若集合 A 由具有某种性质 P 的元素 x 的全体所组成，则 A 就可以表示成

$$A = \{x \mid x \text{ 具有性质 } P\}.$$

例如，由方程 $x^2 + 5x + 6 = 0$ 的根构成的集合，可记为

$$M = \{x \mid x^2 + 5x + 6 = 0\}.$$

由数所构成的集合称为数集，有时我们在表示数集的字母的右上角标上"*"来表示该数集内排除0的集，标上"+"来表示该数集内排除负数和0的集.

习惯上，自然数集合记作 $\mathbf{N}$，即 $\mathbf{N} = \{0, 1, 2, \cdots, n, \cdots\}$；

全体正整数集合记作 $\mathbf{N}^+$，即 $\mathbf{N}^+ = \{1, 2, \cdots, n, \cdots\}$.

设 A, B 为两个集合，若 A 中的任意元素都属于 B，则称 A 是 B 的子集，记为 $A \subset B$(读作 A 包含于 B)或 $B \supset A$ （读作 B 包含 A). 若 $A \subset B$，且有元素 $a \in B$ 但 $a \notin A$，则称 A 是 B 的真子集，记作 $A \subsetneqq B$，例如，$\mathbf{N} \subsetneqq \mathbf{Z} \subsetneqq \mathbf{Q} \subsetneqq \mathbf{R}$. 空集是任何集合的子集，是任何非空集的真子集. 任何集合是它本身的子集. 子集、真子集都具有传递性. 如果集合 A 与集合 B 互为子集，即 $A \subset B$ 且 $B \subset A$，则称集合 A 与集合 B 相等，记作 $A = B$.

2. 集合的运算

集合的基本运算有以下几种：并、交、差.

设 A, B 是两个集合，由所有属于 A 或者属于 B 的元素组成的集合称为 A 与 B 的并集（简称并），记作 $A \cup B$，即

$$A \cup B = \{x \mid x \in A \text{ 或 } x \in B\}.$$

设 A, B 是两个集合，由所有既属于 A 又属于 B 的元素组成的集合称为 A 与 B 的交集（简称交），记作 $A \cap B$，即

$$A \cap B = \{x \mid x \in A \text{ 且 } x \in B\}.$$

设 A, B 是两个集合，由所有属于 A 而不属于 B 的元素组成的集合称为 A 与 B 的差集（简称差），记作 $A \setminus B$，即

$$A \setminus B = \{x \mid x \in A \text{ 但 } x \notin B\}.$$

如果我们将研究某个问题限定在一个大的集合 I 中进行，所研究的其他集合 A 都是 I 的子集，此时，我们称集合 I 为全集或基本集，称 $I \setminus A$ 为 A 的余集或补集，记作 A^c. 例如，在实数集 $\mathbf{R}$ 中，集合 $A = \{x \mid -1 < x < 1\}$，则 $A^c = \{x \mid x \leqslant -1 \text{ 或 } x \geqslant 1\}$.

集合的运算法则：

设 A，B，C 为任意三个集合，则

（1）交换律　$A \cup B = B \cup A$，　$A \cap B = B \cap A$；

（2）结合律　$(A \cup B) \cup C = A \cup (B \cup C)$，

$\qquad\qquad (A \cap B) \cap C = A \cap (B \cap C)$；

（3）分配律　$(A \cup B) \cap C = (A \cap C) \cup (B \cap C)$，

$\qquad\qquad (A \cap B) \cup C = (A \cup C) \cap (B \cup C)$；

（4）对偶律　$(A \cup B)^c = A^c \cap B^c$，

$\qquad\qquad (A \cap B)^c = A^c \cup B^c$.

二、区间与邻域

1. 区间

设 a，b 是两个实数，且 $a < b$，我们规定：

（1）满足不等式 $a < x < b$ 的实数 x 的集合，称为开区间，表示为 (a,b)；

（2）满足不等式 $a \leqslant x \leqslant b$ 的实数 x 的集合，称为闭区间，表示为 $[a,b]$；

（3）满足不等式 $a < x \leqslant b$ 或 $a \leqslant x < b$ 的实数 x 的集合，称为半开半闭区间，分别表示为 $(a,b],[a,b)$.

以上区间分别如图 1-1（a）～（d）所示.

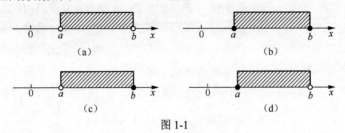

图 1-1

在图 1-1 中，用实心点表示包括在区间内的端点，用空心圈表示不包括在区间内的端点.

引入无穷大的记号 ∞，则以下各区间为无限区间：

$$(a,+\infty) = \left\{x \mid a < x < +\infty\right\} = \left\{x \mid x > a\right\};$$

$$[a,+\infty) = \left\{x \mid a \leqslant x < +\infty\right\} = \left\{x \mid x \geqslant a\right\};$$

$$(-\infty,b) = \left\{x \mid -\infty < x < b\right\} = \left\{x \mid x < b\right\};$$

$$(-\infty,b] = \left\{x \mid -\infty < x \leqslant b\right\} = \left\{x \mid x \leqslant b\right\};$$

$$(-\infty,+\infty) = \left\{x \mid -\infty < x < +\infty\right\} = \left\{x \mid x \in \mathbf{R}\right\}.$$

应当注意的是，∞ 是一个记号，并不表示一个很大的数，且不能参与运算.

2. 邻域

邻域是一种特殊的开区间，也是一个经常用到的概念. 以点 a 为中心的任何开区间称为点 a 的邻域，记作 $U(a)$.

设 a 为给定的实数，δ 为正数，数集 $\{x \mid |x-a| < \delta\}$ 称为点 a 的 δ 邻域，记作 $U(a,\delta)$，如图 1-2 所示. 点

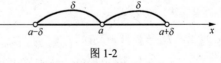

图 1-2

a 称为这个邻域的中心，δ 称为这个邻域的半径. 这个邻域去掉中心 a，称为点 a 的去心 δ 邻域，记作 $\overset{\circ}{U}(a,\delta)$，即

$$\overset{\circ}{U}(a,\delta) = \{x \mid 0 < |x-a| < \delta\}.$$

为了方便，有时把开区间 $(a-\delta,a)$ 称为点 a 的左 δ 邻域，把开区间 $(a,a+\delta)$ 称为点 a 的右 δ 邻域.

三、函数的概念

1. 函数概念

函数是描述变量间相互依赖关系的一种数学模型，具体有如下定义.

定义 设数集 $D \in R$，则称映射 $f: D \rightarrow R$ 为定义在 D 上的函数，通常简记为 $y = f(x)$，$x \in D$，其中 x 称为自变量，y 称为因变量，D 称为定义域，记作 D_f，即 $D_f = D$.

函数定义中，对于每个 $x \in D$，按对应法则 f，总有唯一确定的值 y 与之对应，这个值称为函数 f 在 x 处的函数值，记作 $f(x)$，即 $y = f(x)$. 因变量 y 与自变量 x 之间的这种依赖关系，通常称为函数关系. 函数值 $y = f(x)$ 的全体所构成的集合称为函数 f 的值域，记作 R_f 或 $f(D)$），即

$$R_f = f(D) = \left\{ y \middle| y = f(x), x \in D \right\}.$$

若对于确定的 $x_0 \in D$，通过对应规律 f，函数 y 有唯一确定的值 y_0 与之相对应，则称 y_0 为 $y = f(x)$ 在 x_0 处的函数值，记作 $y = y\big|_{x=x_0} = f(x_0)$.

例1 判断下列各对函数是否相同.

（1） $f(x) = \ln x^2$，$g(x) = 2\ln x$；

（2） $f(x) = 1$，$g(x) = \sin^2 x + \cos^2 x$；

（3） $f(x) = |x|$，$g(x) = \sqrt{x^2}$.

解 （1）中的 $f(x)$ 与 $g(x)$ 不相同，（2）、（3）中的 $f(x)$ 与 $g(x)$ 相同.

例2 求下列函数的定义域.

（1） $f(x) = \dfrac{x-1}{x^2 - 5x + 6} + \sqrt[3]{4x+1}$；

（2） $f(x) = \log_2 \log_7 x$；

（3） $f(x) = \dfrac{1}{\sqrt{x+2}} + \dfrac{1}{x}$.

解 （1） $D_f = \left\{ x \middle| x \neq 2 且 x \neq 3 \right\}$；

（2） $D_f = \left\{ x \middle| x > 7 \right\}$；

（3） $D_f = \left\{ x \middle| x \neq 0 且 x > -2 \right\}$.

例3 函数 $y = \operatorname{sgn} x = \begin{cases} 1, & x > 0, \\ 0, & x = 0, \\ -1, & x < 0 \end{cases}$

称为符号函数. 其定义域为 $D = (-\infty, +\infty)$，值域为 $R_f = \{-1, 0, 1\}$.

例4 设 x 为任意实数，不超过 x 的最大整数称为 x 的整数部分. 记作 $[x]$. 函数

$$y = [x]$$

称为取整函数. 其定义域为 $D=(-\infty,+\infty)$，值域为 $R_f=\mathbf{Z}$.

例如，$\left[\dfrac{2}{7}\right]=0$，$[\sqrt{2}]=1$，$[\pi]=3$，$[-2]=-2$，$[-3.2]=-4$.

2. 函数的几种特性

（1）函数的有界性. 设函数 $f(x)$ 的定义域为 D，区间 $I \subset D$，如果存在一个整数 M，使得对任意一个 $x \in I$，满足

$$|f(x)| \leqslant M,$$

则称 $y=f(x)$ 在 I 上有界；如果不存在这样的 M，则称 $y=f(x)$ 在 I 上无界.

函数 $f(x)$ 在 I 上有界，则当 $x \in I$ 时，曲线 $y=f(x)$ 必介于两条平行线 $y=M$ 与 $y=-M$ 之间（见图 1-3）.

例如，函数 $y=\cos x$，对任意 $x \in(-\infty,+\infty)$，都有不等式 $|\cos x| \leqslant 1$ 成立，所以 $y=\cos x$ 是 $(-\infty,+\infty)$ 上的有界函数.

又如，$y=\dfrac{1}{x}$ 在 $[1,2]$ 上有界，在 $(0,1)$

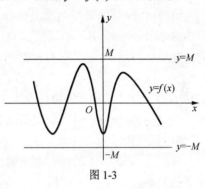

图 1-3

上无界.

（2）函数的单调性. 设函数 $f(x)$ 的定义域为 D，区间 $I \subset D$，如果对于区间 I 上任意两点 x_1,x_2，当 $x_1<x_2$ 时，恒有

$$f(x_1)<f(x_2),$$

则称函数 $f(x)$ 在区间 I 上是单调增加的.

如果对于区间 I 上任意两点 x_1,x_2，当 $x_1>x_2$ 时，恒有

$$f(x_1)<f(x_2),$$

则称函数 $f(x)$ 在区间 I 上是单调减少的.

单调增加函数，其相应的曲线随 x 增大而上升，如图 1-4 所示；单调减少函数，其相应的曲线随 x 增大而下降，如图 1-5 所示.

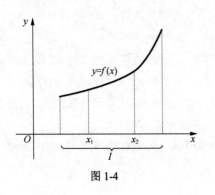

图 1-4

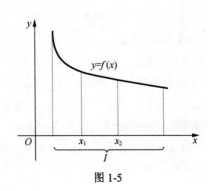

图 1-5

例如，$y = x^2$ 在 $[-1,0]$ 上单调减少，在 $(0,1)$ 上单调增加，在 $(-\infty, +\infty)$ 上不是单调的.

（3）函数的奇偶性. 设函数 $f(x)$ 的定义域 D 关于原点对称，如果对于任意 $x \in D$，恒有

$$f(-x) = f(x),$$

则称 $f(x)$ 为偶函数. 如果对于任意 $x \in D$，恒有

$$f(-x) = -f(x),$$

则称 $f(x)$ 为奇函数.

例如，$y = \sin x$ 是奇函数，$y = x^2$ 是偶函数，$y = x^3 + 1$ 是非奇非偶函数.

（4）函数的周期性. 设函数 $f(x)$ 的定义域为 D，如果存在一个整数 T，使得对任意的 $x \in D$，有 $x \pm T \in D$，且

$$f(x + T) = f(x),$$

则称 $f(x)$ 是以 T 为周期的周期函数.

例如，$y = \sin x$，$y = \cos x$ 是以 2π 为周期的函数.

3. 反函数

设函数 $f: D \to f(D)$ 是单射，则它存在逆映射 $f^{-1}: f(D) \to D$，称此映射 f^{-1} 为函数 f 的反函数.

按此定义，对每个 $y \in f(D)$，有唯一的 $x \in D$，使得 $f(x) = y$，于是有 $f^{-1}(y) = x$. 这就是说，反函数 f^{-1} 的对应法则是完全由函数 f 的对应法则所确定的. 由于函数的实质是对应法则，只要对应法则不变，自变量和因变量用什么字母并无关系，通常按习惯用 y 表示因变量，用 x 表示自变量，而将 $y = (x)$ 的反函数记作 $y = f^{-1}(x)$.

例如，函数 $y = x^3 + 1$ 的反函数 $x = \sqrt[3]{y-1}$，通常记作 $y = \sqrt[3]{x-1}$.

例 5 求函数 $y = 3^x - 1$ 的反函数，并确定反函数的定义域和值域.

解 由 $y = 3^x - 1$ 的反函数 $x = \log_3(y+1)$，变换 x、y 的位置，得函数 $y = 3^x - 1$ 的反函数为 $y = \log_3(x+1)$；由于函数 $y = 3^x - 1$ 的定义域和值域分别为 $(-\infty, +\infty)$ 和 $(-1, +\infty)$，所以其反函数 $y = \log_3(x+1)$ 的定义域和值域分别为 $(-1, +\infty)$ 和 $(-\infty, +\infty)$.

4. 复合函数

复合函数的定义：设函数 $y = f(u)$ 的定义域为 D_1，函数 $u = g(x)$ 在 D 上有定义且 $g(D) \subset D_1$，则函数 $y = f[g(x)]$，$x \in D$，称为由函数 $u = g(x)$ 和函数 $y = f(u)$ 构成的复合函数，它的定义域为 D，变量 u 称为中间变量. 函数 g 与函数 f 构成的复合函数通常记为 $f \circ g$，即 $(f \circ g)(x) = f[g(x)]$.

两个函数能够复合，必须满足 $u = g(x)$ 的值域属于 $y = f(u)$ 的定义域，至少 $y = f(u)$ 的定义域与 $u = g(x)$ 的值域的交非空.

例如，由 $y = 2^u$ 和 $u = \sin x$ 构成的复合函数为 $y = 2^{\sin x}$，由 $y = u^3$ 和 $u = \dfrac{x-1}{x+2}$ 构成复合函数 $y = \left(\dfrac{x-1}{x+2}\right)^3$ 等.

应当注意，不是任意几个函数都能够构成复合函数. 例如，$y = \arcsin u$ 与 $u = x^2 + 3$ 就不能构成复合函数. 因为 u 的值域 $[3,+\infty)$ 与 $y = \arcsin u$ 的定义域 $[-1,1]$ 的交集为空集（没有公共部分），所以 $y = \arcsin (x^2+3)$ 毫无意义.

例 6 将下列函数分解为几个简单函数.

（1）$y = (\arctan \sqrt{x}\,)^2$；（2）$y = \ln(1+\sin^2 x)$.

解 （1）可以分解为 $y = u^2$，$u = \arctan v$，$v = \sqrt{x}$；

（2）可以分解为 $y = \ln u$，$u = 1 + v^2$，$v = \sin x$.

5. 基本初等函数

在高等数学中研究函数，基本初等函数有着重要的地位. 常值函数、幂函数、指数函数、对数函数、三角函数和反三角函数这 6 类函数，称为基本初等函数.

常值函数：函数 $y = c$（c 为常数）；

幂函数：$y = x^\mu$（μ 是常数）；

指数函数：$y = a^x$（$a > 0$ 且 $a \neq 1$），如图 1-6、图 1-7 所示；

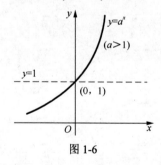

图 1-6

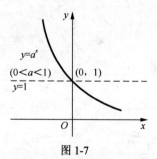

图 1-7

对数函数：$y = \log_a x$（$a > 0$ 且 $a \neq 1$）. 特别当 $a = e$ 时，记为 $y = \ln x$）. 如图 1-8、图 1-9 所示；

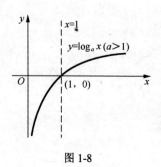

图 1-8

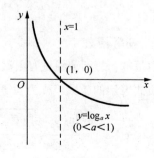

图 1-9

三角函数：$\quad y = \sin x,\ y = \cos x,\ y = \tan x,\ y = \cot x,\ y = \sec x = \dfrac{1}{\cos x}$，

$y = \csc x = \dfrac{1}{\sin x}$；

反三角函数：$y = \arcsin x,\ y = \arccos x,\ y = \arctan x,\ y = \operatorname{arccot} x$，如图 1-10～
图 1-13 所示.

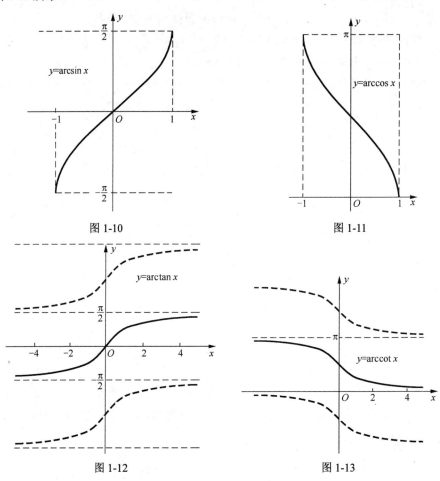

图 1-10   图 1-11

图 1-12   图 1-13

6. 初等函数

由基本初等函数经过有限次四则运算和有限次复合步骤所构成并且可以用一
个解析式表示的函数，称为初等函数. 例如，$y = \sqrt{1 + 2x^2}$，$y = \left(\sqrt{2x} + \cos x \right)^3$，

$y = \cos 2x - e^{3x}$，$y = \dfrac{\ln\left(x + \sqrt{1 + 2x^2} \right)}{x^2 + 2}$ 等都是初等函数.

初等函数是高等数学研究的主要对象.

习题 1-1

1．求下列函数的定义域．

（1）$y = \dfrac{1}{1-x^2} + \sqrt{x+1}$；　　　（2）$y = \sin\sqrt{2x}$；　　　（3）$y = \dfrac{1}{\sqrt{9-x^2}}$；

（4）$y = \arcsin\dfrac{x-2}{2}$；　　　（5）$y = \dfrac{\ln(2-x)}{\sqrt{|x|-1}}$；　　　（6）$y = \arctan\dfrac{1}{x-1}$．

2．下列各题中，$f(x)$ 与 $g(x)$ 是否相同？为什么？

（1）$f(x) = \ln x^3$ 与 $g(x) = 3\ln x$；

（2）$f(x) = x$ 与 $g(x) = (\sqrt{x})^2$；

（3）$f(x) = 1$ 与 $g(x) = \sin^2 x + \cos^2 x$；

（4）$f(x) = \sqrt{1-\cos 2x}$ 与 $g(x) = \sqrt{2}\sin x$．

3．确定函数 $f(x) = \begin{cases} \sqrt{1-x^2}, & |x| \leqslant 1, \\ x^2 - 1, & 1 < |x| < 2 \end{cases}$ 的定义域并作出函数的图形．

4．下列各函数中，哪些是周期函数？并指出周期函数的周期．

（1）$y = \sin^2 x$；　　　（2）$y = \cos\dfrac{1}{x}$；

（3）$y = x\sin x$；　　　（4）$y = \cos(\omega t + \theta)$（$\omega, \theta$ 为常数）．

5．下列函数中，哪些是奇函数，哪些是偶函数，哪些是非奇非偶函数？

（1）$y = x(1-x^2)$；　　　（2）$y = x|x|$；　　　（3）$y = x^2 - x^3$；

（4）$y = \sin^2 x$；　　　（5）$y = \dfrac{e^x + e^{-x}}{3}$；　　　（6）$y = xe^x$．

6．将下列函数分解为几个简单函数复合．

（1）$y = 3^{\cos 4x}$；　　　（2）$y = \cos^2(2x+1)$；

（3）$y = \ln x^{\sin x}$；　　　（4）$y = e^{-\sin x^2}$．

7．求下列函数的反函数．

（1）$y = \dfrac{x-1}{x-2}$；　　　（2）$y = 1 - 3^x$；

（3）$y = 1 + \ln(x+1)$；　　　（4）$y = 3\sin 2x\left(-\dfrac{\pi}{4} \leqslant x \leqslant \dfrac{\pi}{4}\right)$．

8．证明：$y = x\cos x$ 在 $(0, +\infty)$ 上是无界函数．

9．设 $f(x)$ 为定义在 $(-l, l)$ 内的奇函数，若 $f(x)$ 在 $(0, l)$ 内单调增加，证明 $f(x)$ 在 $(-l, 0)$ 内也单调增加．

10．拟建一个容积为 v 的长方体水池，设它的底为正方形，如果池底所用材料的单位面积造价是四周单位面积造价的 2 倍，试将总造价表示成底边长的函数，并确定此函数的定义域.

第2节　数列的极限

极限理论是微积分课程中最基本、最重要的理论. 微积分中很多重要的概念，如连续、导数、微分、积分等，都以极限理论为基础.

极限的思想是由求某些实际问题的精确解而产生的，它是微积分的基本思想. 例如，数学家刘徽利用圆内接正多边形来求圆面积的方法——割圆术，就是极限思想在几何学的应用. 又如，战国时代哲学家庄周著《庄子·天下篇》，引用一句话"一尺之棰，日取其半，万古不竭". 将其"数学化"，即得每天截后剩余部分长度为（单位：尺）

$$\frac{1}{2},\ \frac{1}{2^2},\ \frac{1}{2^3},\ \cdots,\ \frac{1}{2^n},\ \cdots$$

在 n 无限增大的过程中，剩余长度无限地趋向于 0.

下面来研究作为微积分基础的极限. 微积分所涉及的极限主要有数列极限和函数极限.

一、数列的概念

如果按照某一法则，对每个 $n \in \mathbf{N}^+$，对应着一个确定的实数，这些实数按照下标从小到大排列得到的一个序列

$$x_1, x_2, x_3, \cdots, x_n, \cdots$$

就叫作数列，简记为数列 $\{x_n\}$.

数列中的每一个数叫作数列的项，第 n 项 x_n 叫作数列的一般项. 例如

$$\frac{1}{2}, \frac{2}{3}, \frac{3}{4}, \cdots, \frac{n}{n+1}, \cdots;$$

$$\frac{1}{3}, \frac{1}{9}, \frac{1}{27}, \cdots, \frac{1}{3^n}, \cdots;$$

$$2, 4, 8, \cdots, 2^n, \cdots;$$

$$1, -1, 1, \cdots, (-1)^{n+1}, \cdots$$

都是数列的例子，它们的一般项依次是

$$\frac{n}{n+1}, \frac{1}{3^n}, 2^n, (-1)^{n+1}.$$

数列 $\{x_n\}$ 可看作自变量为正整数的函数

$$x_n = f(n),\ n \in \mathbf{N}^+.$$

在该函数中，当自变量 n 依次取 $1, 2, 3, \cdots$ 一切正数时，函数值就排列成数列 $\{x_n\}$.

二、数列的极限

对数列而言，我们感兴趣的是当 n 无限增大时，x_n 无限接近于某一常数的数列. 例如数列 $\left\{\dfrac{n}{n+1}\right\}$，$\left\{\dfrac{1}{3^n}\right\}$ 就具有这样的特点.

一般，若数列 $\{x_n\}$ 当 n 无限增大时，x_n 的值无限接近于某一常数 a，则称 a 为数列 $\{x_n\}$ 的极限，这时我们称数列 $\{x_n\}$ 的极限存在或称数列 $\{x_n\}$ 收敛. 为了给出数列极限的精确定义，我们进一步分析一下"n 无限增大"与"无限接近"的内涵.

我们以数列 $\left\{1+(-1)^{n-1}\dfrac{1}{n}\right\}$ 来分析，当 n 无限增大时，x_n 的值无限接近于 1，即意味着，当 n 充分大时，x_n 与 1 的距离 $|x_n - 1| = \dfrac{1}{n}$ 可以任意小，要多小有多小，也就是说，只要 n 足够大，就能使 $|x_n - 1|$ 小于预先给定的无论多么小的正数 ε.

例如，给定 $\varepsilon_1 = 1$，从第 2 项开始，即存在正数 N_1，使得当 $n > N_1$ 时，都有 $|x_n - 1| < 1$；给定 $\varepsilon_2 = \dfrac{1}{2}$，从第 3 项开始，即存在正数 N_2，使得当 $n > N_2$ 时，都有 $|x_n - 1| < \dfrac{1}{2}$；$\ldots$；给定 $\varepsilon_k = k$，从第 $(k+1)$ 项开始，即存在正数 N_k，使得当 $n > N_k$ 时，都有 $|x_n - 1| < \dfrac{1}{k}$；$\ldots$.

那么接下来可以给出数列极限的精确定义.

定义 设 $\{x_n\}$ 为一数列，如果存在常数 a，对于任意给定的正数 ε（不论它多么小），总存在正数 N，使得对于 $n > N$ 时，不等式

$$|x_n - a| < \varepsilon$$

都成立，那么就称常数 a 是数列 $\{x_n\}$ 的极限，或者称数列 $\{x_n\}$ 收敛于 a，记为

$$\lim_{n \to +\infty} x_n = a$$

或

$$x_n \to a (n \to +\infty).$$

如果不存在这样的常数 a，就说数列 $\{x_n\}$ 没有极限，或者说数列 $\{x_n\}$ 是发散的，也说 $\lim\limits_{n \to +\infty} x_n$ 不存在.

为了便于表述，我们引入记号"$\forall$"表示"对于任意给定的"或"对于每一个"，

记号"∃"表示"存在"，那么 $\lim\limits_{n\to+\infty} x_n = a$ 的定义可以表达为：

$$\lim\limits_{n\to+\infty} x_n = a \Leftrightarrow \forall \varepsilon > 0，\exists 正整数 N，当 n > N 时，有 |x_n - a| < \varepsilon.$$

习惯上将其称为 $\varepsilon - N$ 定义.

$\lim\limits_{n\to+\infty} x_n = a$ 的几何解释：将数列 $x_1, x_2, x_3, \cdots, x_n, \cdots$ 表示在数轴上，并在数轴上作邻域 $U(a, \varepsilon)$（见图 1-14）.

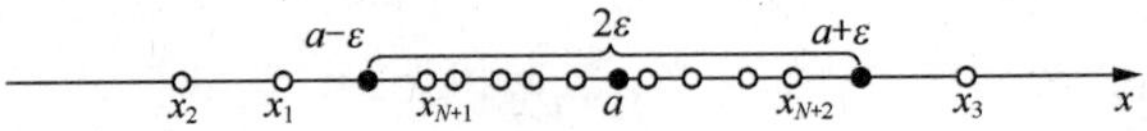

图 1-14

注意到不等式 $|x_n - a| < \varepsilon$ 等价于 $a - \varepsilon < x_n < a + \varepsilon$，所以"数列 $\{x_n\}$ 的极限为 a"在几何上即表示：当 $n > N$ 时，所有的点都落在开区间 $(a - \varepsilon, a + \varepsilon)$ 内；而落在这个区间之外的点至多只有 N 个.

数列极限的定义未给出求极限的方法，只给出了论证数列 $\{x_n\}$ 的极限为 a 的方法，常称为 $\varepsilon - N$ 论证法. 论证的一般步骤为：

（1）对任意给定的正数 ε；

（2）由 $|x_n - a| < \varepsilon$ 开始分析倒推，推出 $n > N(\varepsilon)$；

（3）取 $N \geq N(\varepsilon)$，再用 $\varepsilon - N$ 语言叙述结论.

注 用定义证数列极限存在时，关键是对任意给定的 $\varepsilon > 0$ 寻找 N，但没必要要求最小的 N.

例 1 证明 $\lim\limits_{n\to+\infty} \dfrac{(-1)^{n-1}}{n} = 0$.

证 $|x_n - 0| = \left| \dfrac{(-1)^{n-1}}{n} \right| = \dfrac{1}{n}$，对于任意给定的 $\varepsilon > 0$，要使 $|x_n - 0| < \varepsilon$，只要 $\dfrac{1}{n} < \varepsilon$，或 $n > \dfrac{1}{\varepsilon}$ 即可.

所以，对 $\forall \varepsilon > 0$，取 $N = \left[\dfrac{1}{\varepsilon} \right]$，当 $n > N$ 时，就有 $|x_n - 0| < \varepsilon$，即 $\lim\limits_{n\to+\infty} \dfrac{(-1)^{n-1}}{n} = 0$.

例 2 设 $x_n \equiv C$（C 为常数），证明 $\lim\limits_{n\to+\infty} x_n = C$.

证 对于任意给定的 $\varepsilon > 0$，对于一切自然数 n，$|x_n - C| = |C - C| = 0 < \varepsilon$ 成立，所以 $\lim\limits_{n\to+\infty} x_n = C$.

注 常数列的极限等于同一常数.

例 3 证明 $\lim\limits_{n\to+\infty} q^n = 0$，其中 $|q| < 1$.

证 任给 $\varepsilon > 0$，设 $\varepsilon < 1$.

若 $q = 0$，则 $\lim\limits_{n\to+\infty} q^n = \lim\limits_{n\to+\infty} 0 = 0$.

若 $0 < |q| < 1$，因为

$$|x_n - 0| = |q^n - 0| = |q|^n,$$

要使 $|x_n - 0| < \varepsilon$，只要 $|q|^n < \varepsilon$ 即可. 取自然对数，得 $n\ln|q| < \ln\varepsilon$，因 $|q| < 1$，故

$$n > \frac{\ln\varepsilon}{\ln|q|}.$$

取 $N = 1 + \left[\dfrac{\ln\varepsilon}{\ln|q|}\right]$，则当 $n > N$ 时，

$$|q^n - 0| < \varepsilon,$$

则 $\lim\limits_{n \to +\infty} q^n = 0$.

例 4 证明数列 $x_n = (-1)^{n+1}$ 是发散的.

证 设 $\lim\limits_{n \to +\infty} x_n = a$，由定义，对于 $\varepsilon = \dfrac{1}{2}$，存在 N，使得当 $n > N$ 时，恒有

$$|x_n - a| < \frac{1}{2},$$

即当 $n > N$ 时，$x_n \in \left(a - \dfrac{1}{2}, a + \dfrac{1}{2}\right)$. 但这是不可能的，因为该数列无休止地一再重复取 1 和 −1 这两个数，而这两个数不可能属于长度为 1 的开区间 $\left(a - \dfrac{1}{2}, a + \dfrac{1}{2}\right)$. 因此这个数列发散.

三、收敛数列的性质

定理 1 （极限的唯一性）如果 $\{x_n\}$ 收敛，则它的极限唯一.

证 用反证法. 假设同时有 $x_n \to a$ 及 $x_n \to b$ $(n \to +\infty)$，且 $a < b$. 取 $\varepsilon = \dfrac{b-a}{2}$. 因为 $\lim\limits_{n \to +\infty} x_n = a$，故存在正整数 N_1，当 $n > N_1$ 时，不等式

$$|x_n - a| < \frac{b-a}{2} \tag{1}$$

成立. 同理，因为 $\lim\limits_{n \to +\infty} x_n = b$，故存在正整数 N_2，当 $n > N_2$ 时，不等式

$$|x_n - b| < \frac{b-a}{2} \tag{2}$$

成立. 取 $N = \max\{N_1, N_2\}$（这个式子表示 N 是 N_1 和 N_2 中较大的那个数），则当 $n > N$ 时，（1）式及（2）式会同时成立. 但由（1）式有 $x_n < \dfrac{a+b}{2}$，由（2）式有 $x_n > \dfrac{a+b}{2}$，这是不可能的. 这个矛盾证明了本定理的断言.

下面先介绍数列的有界性概念，再证明收敛数列的有界性.

若对于数列 $\{x_n\}$ 的每一项 x_n，都有 $M>0$，使得 $|x_n| \leq M$ 成立，则称数列 $\{x_n\}$ 有界.

定理 2 （收敛数列的有界性）如果 $\{x_n\}$ 收敛，则数列 $\{x_n\}$ 一定有界.

证 设 $\lim\limits_{n \to +\infty} x_n = a$，由极限的定义，不妨设 $\varepsilon = \dfrac{1}{2}$，则存在 N，当 $n > N$ 时，有

$$|x - a| < \frac{1}{2},$$

即

$$a - \frac{1}{2} < x_n < a + \frac{1}{2}$$

记 $M = \max\left\{ |x_1|, \cdots, |x_N|, \left|a - \dfrac{1}{2}\right|, \left|a + \dfrac{1}{2}\right| \right\}$，则对于一切自然数 n，都有 $|x_n| \leq M$，所以 $\{x_n\}$ 有界.

定理 3 （收敛数列的保号性）若 $\lim\limits_{n \to +\infty} x_n = a$，且 $a>0$（或 $a<0$），则存在正整数 N，使得当 $n>N$ 时，恒有 $x_n>0$（或 $x_n<0$）.

证 不妨证 $a<0$ 的情形. 由极限的定义知，对于 $\varepsilon = -\dfrac{a}{2} > 0$，存在正整数 N，当 $n > N$ 时，有

$$|x_n - a| < -\frac{a}{2},$$

即

$$x_n < \frac{a}{2} < 0.$$

对 $a > 0$ 情形的证明类似.

习题 1-2

1. 观察下列数列的变化趋势，写出它们的极限.

（1） $x_n = -\dfrac{1}{2^n}$；　　　　（2） $x_n = 1 + \dfrac{1}{n^3}$；　　　　（3） $x_n = \dfrac{n+1}{n+3}$；

（4） $x_n = (-1)^{n-1} n$；　　　　（5） $x_n = 2 - \dfrac{1}{n}$；　　　　（6） $x_n = \left(\dfrac{2}{3}\right)^n$.

2. 证明数列 $x_n = [(-1)^{n-1} + 1]\left(1 + \dfrac{2}{n}\right)$ 的极限不存在.

3. 根据数列极限的定义证明：

（1） $\lim\limits_{n \to +\infty}\left(1 + \dfrac{1}{n^2}\right) = 1$；　　　　（2） $\lim\limits_{n \to +\infty} \dfrac{\sin n\pi}{n} = 0$；

（3） $\lim\limits_{n \to +\infty} \dfrac{2n}{n+1} = 2$；　　　　（4） $\lim\limits_{n \to +\infty} \dfrac{1}{\sqrt{n+a}} = 0$（$a > 0$ 且 a 为常数）.

4. 设数列 $\{x_n\}$ 有界，又设 $\lim\limits_{n\to+\infty} y_n = 0$，证明：$\lim\limits_{n\to+\infty} x_n y_n = 0$.

第3节 函数的极限

一、函数极限的定义

因为数列可以作为自变量 n 的函数，即 $x_n = f(n)$，故假设该数列的极限为 a，按照第2节的定义可知：当自变量 n 取正整数而无限增大($n\to+\infty$)时，对应的函数值 $f(n)$ 无限地接近于确定的数 a. 若将数列极限概念中自变量和函数值的特殊性撇开，可以由此引出函数极限的一般概念：在自变量 x 的某个变化过程中，如果对应的函数值 $f(x)$ 无限接近于某个确定的数 A，则 A 就称为在该变化过程中函数 $f(x)$ 的极限. 数列极限就可以看作函数 $f(n)$ 当 $n\to+\infty$ 时的极限. 这里自变量的变化过程是 $n\to+\infty$. 下面讲述自变量的变化过程为其他情形时函数 $f(x)$ 的极限. 本节分下列两种情况讨论：

(1) 自变量趋于有限值(记作 $x\to x_0$)时的函数极限;

(2) 自变量趋于无穷大(记作 $x\to\infty$)时的函数极限.

1. 自变量趋于有限数时的函数极限

我们首先假定函数在点 x_0 的某个去心邻域内是有定义的. 如果在 $x\to x_0$ 的过程中，函数值 $f(x)$ 无限接近于确定的数值 A，那么就说 A 是函数 $f(x)$ 当 $x\to x_0$ 时的极限.

在 $x\to x_0$ 的过程中，对应的函数值 $f(x)$ 无限接近于 A，就是 $|f(x)-A|$ 能任意小，可用

$$|f(x)-A| < \varepsilon$$

来表达，其中 ε 是任意给定的正数. 又因为函数值 $f(x)$ 无限地接近于 A 是在 $x\to x_0$ 的过程中实现的，所以对于任意给定的正数 ε，只要充分接近于 x_0 的 x 的函数值 $f(x)$ 满足不等式 $|f(x)-A| < \varepsilon$ 即可，而充分接近于 x_0 的 x 的全体可以表示为

$$0 < |x-x_0| < \delta,$$

其中 δ 是某个正数.

根据以上分析，可以给出当 $x\to x_0$ 时函数极限的定义.

定义1 设函数 $f(x)$ 在点 x_0 的某一去心邻域内有定义，如果存在常数 A，对于任意给定的正数 ε(不论它多么小)，总会存在正数 δ，使得当 x 满足不等式 $0 < |x-x_0| < \delta$ 时，对应的函数值 $f(x)$ 都满足不等式

$$|f(x)-A| < \varepsilon,$$

那么常数 A 就叫作函数 $f(x)$ 当 $x \to x_0$ 时的极限，记作

$$\lim_{x \to x_0} f(x) = A \text{ 或 } f(x) \to A \, (x \to x_0).$$

因上述定义要求 $|x - x_0| > 0$，即 $x \neq x_0$，所以当 $x \to x_0$ 时函数 $f(x)$ 有没有极限，与 $f(x)$ 在点 x_0 是否有定义无关.

定义 1 可以用 $\varepsilon - \delta$ 语言来表达，即

$$\lim_{x \to x_0} f(x) = A \Leftrightarrow \text{对于} \forall \varepsilon > 0, \exists \delta > 0, \text{当} 0 < |x - x_0| < \delta \text{时，总有} |f(x) - A| < \varepsilon.$$

"函数 $f(x)$ 当 $x \to x_0$ 时的极限为 A"的几何解释如下：任给以 $y = A - \varepsilon$，$y = A + \varepsilon$ 为边界的带形区域，不论带形区域多窄(不论 ε 多么小)，总存在去心邻域 $\overset{\circ}{U}(x_0, \delta)$，使得曲线 $y = f(x)$ 在该带形区域之内，即当 $x \in \overset{\circ}{U}(x_0, \delta)$ 时，$A - \varepsilon < f(x) < A + \varepsilon$.

例 1 证明 $\lim_{x \to 2} \dfrac{x^2 - 4}{x - 2} = 4$.

证 函数在 $x = 2$ 处是没有定义的，但函数当 $x \to 2$ 时的极限存在与否与函数在 $x = 2$ 处是否有定义无关. 事实上，对于任意给定的 $\varepsilon > 0$，只要

$$\left| \frac{x^2 - 4}{x - 2} - 4 \right| = |x + 2 - 4| = |x - 2| < \varepsilon,$$

取 $\delta = \varepsilon$，则当 $0 < |x - 2| < \delta$ 时，有 $\left| \dfrac{x^2 - 4}{x - 2} - 4 \right| < \varepsilon$. 这就证明了 $\lim_{x \to 2} \dfrac{x^2 - 4}{x - 2} = 4$.

例 2 证明 $\lim_{x \to a} \sqrt{x} = \sqrt{a}$，$a > 0$.

证 $\forall \varepsilon > 0$，要使 $|\sqrt{x} - \sqrt{a}| < \varepsilon$，而 $|\sqrt{x} - \sqrt{a}| = \dfrac{|x - a|}{\sqrt{x} + \sqrt{a}} < \dfrac{1}{\sqrt{a}}|x - a|$，只要 $|x - a| < \sqrt{a}\varepsilon$，且 $x \geq 0$ 即可，而 $x \geq 0$ 可用 $|x - a| \geq a$ 来保证，于是取 $\delta = \min\{a, \sqrt{a}\varepsilon\}$，则当 x 满足不等式 $0 < |x - a| < \delta$ 时，对应的函数值 $\sqrt{x}$ 就满足不等式

$$|\sqrt{x} - \sqrt{a}| < \varepsilon,$$

所以

$$\lim_{x \to a} \sqrt{x} = \sqrt{a}.$$

在 $\lim_{x \to x_0} f(x) = A$ 中，$0 < |x - x_0| < \delta$ 即为 $0 < x - x_0 < \delta$ 或 $-\delta < x - x_0 < 0$，即 x 从 x_0 的左、右两个方向同时趋于 x_0.

若 $\forall \varepsilon > 0$，$\exists \delta > 0$，当 $0 < x - x_0 < \delta$ 时，总有 $|f(x) - A| < \varepsilon$，则称 A 为 $f(x)$ 当 $x \to x_0^+$ 时的右极限，记作 $\lim_{x \to x_0^+} f(x) = A$ 或 $f(x_0 + 0) = A$.

若 $\forall \varepsilon > 0$，$\exists \delta > 0$，当 $-\delta < x - x_0 < 0$ 时，总有 $|f(x) - A| < \varepsilon$，则称 A 为 $f(x)$ 当 $x \to x_0^-$ 时的左极限，记作 $\lim\limits_{x \to x_0^-} f(x) = A$　或　$f(x_0 - 0) = A$.

定理 1　极限存在的充要条件是左、右极限都存在且相等.

例 3　设 $f(x) = \begin{cases} 2x, & x \geqslant 0, \\ -x+1, & x < 0, \end{cases}$ 求 $\lim\limits_{x \to 0} f(x)$.

解　因为　　$\lim\limits_{x \to 0^-} f(x) = \lim\limits_{x \to 0^-} (-x+1) = 1$，

$$\lim\limits_{x \to 0^+} f(x) = \lim\limits_{x \to 0^+} 2x = 0,$$

故　　　　　　$\lim\limits_{x \to 0^+} f(x) \neq \lim\limits_{x \to 0^-} f(x)$，

所以 $\lim\limits_{x \to 0} f(x)$ 不存在.

2. 自变量趋于无穷大时的函数极限

考虑 $y = \dfrac{x+1}{x}$，当 $x \to +\infty$ 时，y 的变化趋势如何.

特别地，$y = f(n) = \dfrac{n+1}{n} \to 1 \, (n \to \infty)$. 另一方面，由 $y = \dfrac{x+1}{x} = 1 + \dfrac{1}{x}$ 的图形可以看出当 $x \to +\infty$ 时，即当 x 无限增大时，$f(x)$ 无限接近于常数 1.

定义 2　对于 $\forall \varepsilon > 0$，$\exists X > 0$，当 $x > X$ 时，总有 $|f(x) - A| < \varepsilon$，则称 A 为 $f(x)$ 当 $x \to +\infty$ 时的极限，记作

$$\lim\limits_{x \to +\infty} f(x) = A \quad \text{或} \quad f(x) \to A \ (x \to +\infty).$$

定义 3　对于 $\forall \varepsilon > 0$，$\exists X > 0$，当 $x < -X$ 时，总有 $|f(x) - A| < \varepsilon$，则称 A 为 $f(x)$ 当 $x \to -\infty$ 时的极限，记作

$$\lim\limits_{x \to -\infty} f(x) = A \quad \text{或} \quad f(x) \to A \ (x \to -\infty).$$

定义 4　对于 $\forall \varepsilon > 0$，$\exists X > 0$，当 $|x| > X$ 时，总有 $|f(x) - A| < \varepsilon$，则称 A 为 $f(x)$ 当 $x \to \infty$ 时的极限，记作

$$\lim\limits_{x \to \infty} f(x) = A \quad \text{或} \quad f(x) \to A \ (x \to \infty).$$

注　（1）$\lim\limits_{x \to \infty} f(x) = A \ \Leftrightarrow \ \lim\limits_{x \to +\infty} f(x) = \lim\limits_{x \to -\infty} f(x) = A$.

（2）定义中的 X 为正实数，与数列中的 N 不同. 数列是函数的特例.

$\lim\limits_{x \to \infty} f(x) = A$ 的几何解释：对于 $\forall \varepsilon > 0$，$\exists X > 0$，当 $|x| > X$ 时，总有 $|f(x) - A| < \varepsilon$.

$|x| > X \Leftrightarrow x > X$ 或 $x < -X$，$|f(x) - A| < \varepsilon \Leftrightarrow A - \varepsilon < f(x) < A + \varepsilon$.

以 $y = A - \varepsilon$，$y = A + \varepsilon$ 为边界的带形区域不论多窄，总存在区间 $(-\infty, -X]$，$[X, +\infty)$，在此区间内，$y = f(x)$ 的曲线总落在此带形区域之内.

例 4　证明 $\lim\limits_{x \to +\infty} \dfrac{1}{x} = 0$.

证　$\forall \varepsilon > 0$，要使 $\left| \dfrac{1}{x} - 0 \right| < \varepsilon$ 只要取 $X = \dfrac{1}{\varepsilon}$，则当 $x > X$ 时，

$$\left| \frac{1}{x} - 0 \right| < \varepsilon,$$

故 $\lim\limits_{x \to +\infty} \dfrac{1}{x} = 0$．

此例中 $\lim\limits_{x \to +\infty} \dfrac{1}{x} = 0$，$y = 0$ 为 $y = \dfrac{1}{x}$ 的水平渐近线．

一般地，$\lim\limits_{x \to \infty} f(x) = A$，则 $y = A$ 为 $y = f(x)$ 的水平渐近线．

例 5　证明 $\lim\limits_{x \to +\infty} \left(\sqrt{x+1} - \sqrt{x} \right) = 0$．

证　$\forall \varepsilon > 0$，要使 $\left| \sqrt{x+1} - \sqrt{x} \right| < \varepsilon$，而 $\left| \sqrt{x+1} - \sqrt{x} \right| = \dfrac{x+1-x}{\sqrt{x+1} + \sqrt{x}} < \dfrac{1}{\sqrt{x}}$，只要

$\dfrac{1}{\sqrt{x}} < \varepsilon$ 即可．取 $X = \dfrac{1}{\varepsilon^2}$，当 $x > X$ 时，

$$\left| \sqrt{x+1} - \sqrt{x} \right| < \varepsilon,$$

所以　　$\lim\limits_{x \to +\infty} \left(\sqrt{x+1} - \sqrt{x} \right) = 0$．

二、函数极限的性质

定理 2　（唯一性）若极限 $\lim\limits_{x \to x_0} f(x)$ 存在，则此极限是唯一的．

定理 3　（局部有界性）若极限 $\lim\limits_{x \to x_0} f(x)$ 存在，则 f 在 x_0 的某去心邻域 $\mathring{U}(x_0)$ 内有界．

定理 4　（极限的局部保号性）若 $\lim\limits_{x \to x_0} f(x) = A$，且 $A > 0$（或 $A < 0$），则存在 x_0 的某去心邻域 $\mathring{U}(x_0)$，在此邻域内 $f(x) > 0$（或 $f(x) < 0$）．

推论　若 $\lim\limits_{x \to x_0} f(x) = A$，且在 x_0 的某去心邻域 $\mathring{U}(x_0)$ 内，$f(x) \geq 0$（或 $f(x) \leq 0$），则 $A \geq 0$（或 $A \leq 0$）．

定理 5　（函数极限与数列极限的关系）若 $\lim\limits_{x \to x_0} f(x)$ 存在，$\{x_n\}$ 为函数 $f(x)$ 的定义域内任意收敛于 x_0 的数列，且满足 $x_n \neq x_0 (n \in \mathbf{N}^+)$，则相应的函数值数列 $\{f(x_n)\}$ 必收敛，且 $\lim\limits_{n \to +\infty} f(x_n) = \lim\limits_{x \to x_0} f(x)$．

证　设 $\lim\limits_{x \to x_0} f(x) = A$，则 $\forall \varepsilon > 0$，$\exists \delta > 0$，当 $0 < |x - x_0| < \delta$ 时，总有 $|f(x) - A| < \varepsilon$．

又因 $\lim\limits_{n \to \infty} x_n = x_0$，故对 $\forall \varepsilon > 0$，$\exists N > 0$，当 $n > N$ 时，有 $|x_n - x_0| < \varepsilon$．由假设，$x_n \neq x_0 \left(n \in \mathbf{N}^+ \right)$，故当 $n > N$ 时，$0 < |x - x_0| < \delta$，从而 $|f(x) - A| < \varepsilon$，则

$$\lim_{n \to +\infty} f(x_n) = \lim_{x \to x_0} f(x).$$

习题 1-3

1. 在某极限过程中，若 $f(x)$ 有极限，$g(x)$ 无极限，试判断 $f(x)g(x)$ 是否有极限，请说明理由．

2. 讨论下列函数在 $x \to 0$ 时的极限或左、右极限．

（1）$f(x) = \dfrac{|x|}{x}$；　　　　（2）$f(x) = [x]$；

（3）$f(x) = \begin{cases} 2^x, x > 0, \\ 0, x = 0, \\ 1 + x^2, x < 0. \end{cases}$

3. 设 $\lim\limits_{x \to \infty} f(x) = A$，，证明 $\lim\limits_{x \to 0} f\left(\dfrac{1}{x}\right) = A$．

4. 按定义证明下列极限：

（1）$\lim\limits_{x \to \infty} \dfrac{6x + 5}{x} = 6$；　　　　　　（2）$\lim\limits_{x \to 3}(3x - 1) = 8$；

（3）$\lim\limits_{x \to \infty} \dfrac{x^2 - 5}{x^2 - 1} = 1$；　　　　　（4）$\lim\limits_{x \to x_0} \sin x = \sin x_0$．

5. 根据函数极限的定义，叙述 $\lim\limits_{x \to x_0} f(x) \neq A$．

6. 当 $x \to 3$ 时，$y = x^2 \to 9$，问：δ 等于多少，使得当 $|x - 3| < \delta$ 时，$|y - 9| < 0.01$？

第 4 节　无穷大和无穷小

一、无穷小量与无穷大量

研究函数在某一变化过程中的变化趋势时，有两类具有特殊变化趋势的函数应注意．一类是其绝对值逐渐变小而趋近于零，另一类是其绝对值无限变大，即所谓的无穷小量和无穷大量．

定义 1　在某一变化过程中，以零为极限的变量称为这个变化过程中的无穷小量，简称无穷小，常用 α, β 等表示．

例如，$\lim\limits_{x \to \infty} \dfrac{1}{x} = 0$，所以 $\dfrac{1}{x}$ 是当 $x \to \infty$ 时的无穷小量．

又如，因为 $\lim\limits_{x \to 1}(x - 1) = 0$，所以 $x - 1$ 是 $x \to 1$ 时的无穷小量．

我们需要指出，说一个函数 $f(x)$ 是无穷小时，必须指明自变量 x 的变化趋势，无穷小量不是很小的数．

定义 2 如果当 $x \to x_0$（或 $x \to \infty$）时，函数 $f(x)$ 的绝对值无限增大，那么 $f(x)$ 叫作当 $x \to x_0$（或 $x \to \infty$）时的无穷大量，简称无穷大. 无穷大量也可以记为

$$\lim_{x \to x_0} f(x) = \infty \ \text{或} \lim_{x \to \infty} f(x) = \infty.$$

例如，$\lim\limits_{x \to +\infty} 3^x = \infty$，所以当 $x \to +\infty$ 时，变量 3^x 为无穷大量.

又如，$x \to 1$ 时，$\left| \dfrac{1}{x-1} \right|$ 无限增大，所以 $\dfrac{1}{x-1}$ 是 $x \to 1$ 时的无穷大，可记为

$$\lim_{x \to 0} \frac{1}{x-1} = \infty.$$

再如，$x \to +\infty$ 时，e^x 总取正值且无限增大，所以 e^x 是 $x \to +\infty$ 时的无穷大，可记为

$$\lim_{x \to +\infty} e^x = +\infty.$$

事实上，如果函数 $f(x)$ 为当 $x \to x_0$ 时的无穷大，它的极限是不存在的. 但为了便于描述这种变化趋势，我们也说函数的极限是无穷大，并记作 $\lim\limits_{x \to x_0} f(x) = \infty$. 式中的 "$\infty$" 是一个记号，而不是确定的数，它仅表示 $f(x)$ 的绝对值无限增大.

关于无穷小量和无穷大量有如下定理.

定理 在自变量的同一变化过程中，如果 $f(x)$ 为无穷小量且 $f(x) \neq 0$，则 $\dfrac{1}{f(x)}$ 为无穷大量；反之，如果 $f(x)$ 为无穷大量，则 $\dfrac{1}{f(x)}$ 为无穷小量.

证 我们只证明定理的前半部分. 设 $f(x) \neq 0$ 且 $f(x)$ 是 $x \to x_0$ 时的无穷小，即 $\lim\limits_{x \to x_0} f(x) = 0$，从而对于任意大的正数 M，取 $\varepsilon = \dfrac{1}{M}$，则 $\exists \delta > 0$，使得当 $0 < |x - x_0| < \delta$ 时，$|f(x)| < \varepsilon$，即 $\left| \dfrac{1}{f(x)} \right| > \dfrac{1}{\varepsilon} = M$，表明 $\dfrac{1}{f(x)}$ 是 $x \to x_0$ 时的无穷大. 同理可证定理的后半部分。

例 1 求 $\lim\limits_{x \to 1} \dfrac{2x-1}{x^2 - 5x + 4}$.

解 当 $x \to 1$ 时，分母的极限为零，分子的极限为 1. 因此，不能用商的极限运算法则. 但可以利用无穷小量和无穷大量之间的关系求此极限.

因为 $\quad \lim\limits_{x \to 1} \dfrac{x^2 - 5x + 4}{2x - 1} = \dfrac{1^2 - 5 \times 1 + 4}{2 \times 1 - 1} = 0$，所以

$$\lim_{x \to 1} \frac{2x-1}{x^2 - 5x + 4} = \infty.$$

例 2 求 $\lim\limits_{x \to \infty} \dfrac{3x^3 - 4x^2 + 2}{7x^3 + 5x - 3}$.

解 先用 x^3 去除分母及分子，然后取极限：

$$\lim_{x \to \infty} \frac{3x^3 - 4x^2 + 2}{7x^3 + 5x - 3} = \lim_{x \to \infty} \frac{3 - \dfrac{4}{x} + \dfrac{2}{x^3}}{7 + \dfrac{5}{x^2} - \dfrac{3}{x^3}} = \frac{3}{7}.$$

例 3 求 $\lim\limits_{x \to \infty} \dfrac{3x^2 - 2x - 1}{2x^3 - x^2 + 5}$.

解 先用 x^3 去除分母及分子，然后取极限：

$$\lim_{x \to \infty} \frac{3x^2 - 2x - 1}{2x^3 - x^2 + 5} = \lim_{x \to \infty} \frac{\dfrac{3}{x} - \dfrac{2}{x^2} - \dfrac{1}{x^3}}{2 - \dfrac{1}{x} + \dfrac{5}{x^3}} = \frac{0}{2} = 0.$$

例 4 求 $\lim\limits_{x \to \infty} \dfrac{2x^3 - x^2 + 5}{3x^2 - 2x - 1}$.

解 应用例 3 的结果：$\lim\limits_{x \to \infty} \dfrac{3x^2 - 2x - 1}{2x^3 - x^2 + 5} = 0$，所以

$$\lim_{x \to \infty} \frac{2x^3 - x^2 + 5}{3x^2 - 2x - 1} = \infty.$$

一般情况下，有以下结果：

$$\lim_{x \to \infty} \frac{a_0 x^m + a_1 x^{m-1} + \cdots + a_{m-1} x + a_m}{b_0 x^n + b_1 x^{n-1} + \cdots + b_{n-1} x + b_n} = \begin{cases} \infty, & m > n, \\ \dfrac{a_0}{b_0}, & m = n, \\ 0, & m < n. \end{cases}$$

式中，$a_0 \neq 0$，$b_0 \neq 0$.

二、无穷小量的性质

无穷小量有下列性质：

性质 1 有限个无穷小的代数和仍然是无穷小量.

性质 2 有限个无穷小的乘积仍然是无穷小量.

性质 3 常量与无穷小的乘积仍然是无穷小量.

性质 4 有界变量与无穷小量的乘积是无穷小量.

例 5 求 $\lim\limits_{x \to \infty} \dfrac{\sin x}{x}$.

解 由于 $\lim\limits_{x \to \infty} \dfrac{1}{x} = 0$，即 $x \to \infty$ 时，$\dfrac{1}{x}$ 为无穷小量，而 $|\sin x| \leqslant 1$，即 $\sin x$ 为有

界变量，根据性质 4，有

$$\lim_{x \to \infty} \frac{\sin x}{x} = 0 .$$

例 6 求 $\lim_{x \to 0} x \cos \frac{1}{x}$.

解 当 $x \to 0$ 时，x 为无穷小量，虽然 $\frac{1}{x}$ 为无穷大量，但 $\left| \cos \frac{1}{x} \right| \le 1$，即 $\cos \frac{1}{x}$ 为有界变量，所以有

$$\lim_{x \to 0} x \cos \frac{1}{x} = 0 .$$

习题 1-4

1. 求下列极限并说明理由.

（1）$\lim_{x \to 2} \frac{1}{x - 2}$；

（2）$\lim_{x \to 0} \frac{1}{1 - \cos x}$；

（3）$\lim_{x \to 0} \frac{e^x - 1}{e^{\frac{1}{x}} + 1}$；

（4）$\lim_{x \to \infty} \frac{1}{2x(1 + e^x)}$.

2. 证明：$f(x) = x \cdot \sin x$ 在区间 $(-\infty, +\infty)$ 上是无界的；但当 $x \to \infty$ 时，$f(x)$ 不是无穷大.

3. 设 $\lim_{x \to x_0} \frac{f(x)}{g(x)} = A$（$A$ 为实数），而 $\lim_{x \to x_0} g(x) = 0$，试问：$x \to x_0$ 时，$f(x)$ 必为无穷小吗？并说明理由.

4. 根据无穷小的定义证明：

（1）当 $n \to \infty$ 时，$u_n = \frac{n!}{n^n}$ 是无穷小；

（2）当 $x \to 0$ 时，$y = x \sin \frac{1}{x^2}$ 为无穷小.

5. 根据无穷大的定义证明：当 $x \to 0$ 时，$f(x) = \frac{1 + x}{x}$ 是无穷大.

6. 设 $x \to x_0$ 时，$f(x) \to \infty$，$g(x) \to A$（A 为有限数）. 试证明下列各式：

（1）$\lim_{x \to x_0} [g(x) + f(x)] = \infty$；

（2）$\lim_{x \to x_0} \frac{f(x)}{f(x) + g(x)} = 1$.

7. 设 $x \to x_0$ 时，$|g(x)| > M$（M 是一个正常数），$f(x)$ 是无穷大量，证明：$f(x)g(x)$ 是无穷大量.

第5节　极限的四则运算

根据极限的描述性定义，可以通过观察得到一些简单的函数的极限．对于比较复杂的函数，要观察出它们的变化趋势是很困难的．本节讨论极限的四则运算法则．利用这些法则可以使我们利用一些简单的函数极限，求得一些比较复杂的函数极限．

一、极限的四则运算法则

法则 1　在自变量的同一变化过程中，如果 $\lim f(x) = A$，$\lim g(x) = B$，则

（1）$\lim[f(x) \pm g(x)] = \lim f(x) \pm \lim g(x) = A \pm B$；

（2）$\lim[f(x) \cdot g(x)] = \lim f(x) \cdot \lim g(x) = A \cdot B$；

（3）$\lim \dfrac{f(x)}{g(x)} = \dfrac{\lim f(x)}{\lim g(x)} = \dfrac{A}{B}(B \neq 0)$.

上述法则说明，在自变量的同一变化过程中，若两函数的极限均存在，则函数和、差、积、商的极限分别等于其极限的和、差、积、商（做除法时，分母的极限不等于零）．

法则 1 中（1）、（2）可以推广至有限个函数的情况．

关于法则 1 中的（2），有如下推论：

推论 1　$\lim[Cf(x)] = C\lim f(x) = CA$（$C$ 为常数）.

即求极限时，常数因子可以提到极限记号外面，这是因为 $\lim C = C$.

推论 2　$\lim[f(x)]^n = [\lim f(x)]^n = A^n$.)

例 1　求 $\lim\limits_{x \to 2}(x^2 - 3x + 5)$.

解　$\lim\limits_{x \to 2}(x^2 - 3x + 5) = \lim\limits_{x \to 2} x^2 - \lim\limits_{x \to 2} 3x + \lim\limits_{x \to 2} 5$

$$= (\lim\limits_{x \to 2} x)^2 - 3\lim\limits_{x \to 2} x + \lim\limits_{x \to 2} 5$$

$$= 2^2 - 3 \cdot 2 + 5$$

$$= 3 .$$

例 2　求 $\lim\limits_{x \to 2} \dfrac{x^3 - 1}{x^2 - 5x + 3}$.

解　$\lim\limits_{x \to 2} \dfrac{x^3 - 1}{x^2 - 5x + 3} = \dfrac{\lim\limits_{x \to 2}(x^3 - 1)}{\lim\limits_{x \to 2}(x^2 - 5x + 3)} = \dfrac{2^3 - 1}{2^2 - 10 + 3} = -\dfrac{7}{3}$.

应当注意的是，在应用极限的运算法则时，必须满足法则的条件：参加运算的各函数的极限都存在；在做除法时，分母的极限不为零．对于不满足这些条件的函数式求极限时，不能直接应用四则运算法则．这时通常可以先对分子或分母进行因

式分解或有理化，约去使分子和分母中极限为零的因子，然后求极限.

例 3 求 $\lim\limits_{x\to 3}\dfrac{x-3}{x^2-9}$.

解 当 $x\to 3$ 时，分子、分母极限都是零，不能分子、分母分别取极限. 但是我们注意到，分子和分母有极限为零的公因式 $x-3$. $x\to 3$ 但 $x\neq 3$，这样可以先约去极限为零的因式 $x-3$，然后求极限. 所以

$$\lim_{x\to 3}\frac{x-3}{x^2-9}=\lim_{x\to 3}\frac{1}{x+3}=\frac{1}{6}.$$

例 4 求 $\lim\limits_{x\to 0}\dfrac{\sqrt{1-x}-1}{x}$.

解 当 $x\to 0$ 时，分子和分母的极限均为零. 这时应先对分子进行有理化，然后求极限，所以

$$\lim_{x\to 0}\frac{\sqrt{1-x}-1}{x}=\lim_{x\to 0}\frac{-1}{\sqrt{1-x}+1}=-\frac{1}{2}.$$

例 5 求 $\lim\limits_{x\to 1}\left(\dfrac{1}{x-1}-\dfrac{2}{x^2-1}\right)$.

解 当 $x\to 1$ 时，$\dfrac{1}{x-1}$ 和 $\dfrac{2}{x^2-1}$ 均为无穷大，因此，不能用极限的四则运算法则. 应先进行通分，然后求极限.

$$\lim_{x\to 1}\left(\frac{1}{x-1}-\frac{2}{x^2-1}\right)=\lim_{x\to 1}\frac{x-1}{x^2-1}=\lim_{x\to 1}\frac{1}{x+1}=\frac{1}{2}.$$

二、复合函数的极限运算法则

法则 2 设函数 $y=f[\varphi(x)]$ 是由函数 $y=f(u)$ 与 $u=\varphi(x)$ 复合而成的复合函数. 若 $\lim\limits_{x\to x_0}\varphi(x)=u_0$，$\lim\limits_{u\to u_0}f(u)=A$，则有

$$\lim_{x\to x_0}f[\varphi(x)]=\lim_{u\to u_0}f(u)=A.$$

这说明在求复合函数的极限时，可以作变量代换 $u=\varphi(x)$，把求 $\lim\limits_{x\to x_0}f[\varphi(x)]$ 转化为求 $\lim\limits_{u\to u_0}f(u)$. 其中，$u_0=\lim\limits_{x\to x_0}\varphi(x)$.

这个结论对 $\lim\limits_{x\to x_0}\varphi(x)=\infty$，$\lim\limits_{u\to\infty}f(u)=A$ 也成立. 将上面式子中的 $x\to x_0$ 换成 $x\to\infty$，结论同样成立.

例 6 求 $\lim\limits_{x\to\frac{\pi}{2}}\ln(\sin x)$.

解 令 $u = \sin x$，由于 $\lim\limits_{x \to \frac{\pi}{2}} \sin x = \sin \dfrac{\pi}{2} = 1$，故

$$\lim_{x \to \frac{\pi}{2}} \ln(\sin x) = \lim_{u \to 1} \ln u = \ln 1 = 0.$$

例 7 求 $\lim\limits_{x \to +\infty} \ln(\arctan x)$.

解 令 $f(u) = \ln u$，$u = \arctan x$，当 $x \to +\infty$ 时，$u \to \dfrac{\pi}{2}$，故

$$\lim_{x \to +\infty} \ln(\arctan x) = \lim_{u \to \frac{\pi}{2}} \ln u = \ln \frac{\pi}{2}.$$

习题 1-5

1．计算下列极限：

（1）$\lim\limits_{x \to 0} \dfrac{x}{\sqrt{x+4}-2}$；

（2）$\lim\limits_{x \to 0} \dfrac{\sqrt{x+9}-3}{x}$；

（3）$\lim\limits_{x \to 2} \dfrac{x^2-4x+4}{x-1}$；

（4）$\lim\limits_{x \to \infty} \dfrac{2x^3+x^2}{3x^3+x}$；

（5）$\lim\limits_{x \to +\infty} \dfrac{2^x+2^{-x}}{2^x-2^{-x}}$；

（6）$\lim\limits_{x \to a} \dfrac{\sin^2 x - \sin^2 a}{x-a}$；

（7）$\lim\limits_{x \to 0} \dfrac{\sin 4x}{\sqrt{x+1}-1}$；

（8）$\lim\limits_{x \to \infty} \dfrac{(x-1)^3+(1-3x)}{x^2+2x^3}$；

（9）$\lim\limits_{x \to 1} \dfrac{x^n-1}{x^m-1}$（$m,n$ 为正整数）；

（10）$\lim\limits_{x \to 4} \dfrac{\sqrt{1+2x}-3}{\sqrt{x}-2}$；

（11）$\lim\limits_{x \to \infty} \left(1+\dfrac{1}{x}\right)\left(2-\dfrac{1}{x}\right)$；

（12）$\lim\limits_{x \to \infty} \dfrac{(3x+6)^{70}(8x-5)^{20}}{(5x-1)^{90}}$.

2．计算下列极限：

（1）$\lim\limits_{x \to \infty} x^3 \sin \dfrac{1}{x^2}$；

（2）$\lim\limits_{x \to \infty} \dfrac{\arctan x}{x^2}$.

3．已知 $\lim\limits_{x \to +\infty} (3x - \sqrt{ax^2+bx+1}) = 1$，求 a,b 的值.

4．证明：$\lim\limits_{x \to 0} \left[\lim\limits_{n \to \infty} \left(\cos x \cos \dfrac{x}{2} \cos \dfrac{x}{2^2} \cdot \cdots \cdot \cos \dfrac{x}{2^n}\right)\right] = 1$.

5．设 $f(x) > 0$，且 $\lim\limits_{x \to x_0} f(x) = A$，证明：

$$\lim_{x \to x_0} \sqrt[n]{f(x)} = \sqrt[n]{A},$$

其中，$n \geqslant 2$ 且为正整数.

第 6 节　极限存在准则　两个重要极限

本节介绍判定极限存在的两个准则，并用两个准则证明两个重要极限：

$$\lim_{x \to 0} \frac{\sin x}{x} = 1 \text{ 及 } \lim_{x \to \infty} \left(1 + \frac{1}{x}\right)^x = \mathrm{e} .$$

一、夹逼准则

准则 1　如果数列 $\{x_n\}$，$\{y_n\}$ 及 $\{z_n\}$ 满足下列条件：

(1) $y_n \leqslant x_n \leqslant z_n \quad (n = 1, 2, 3, \cdots)$.

(2) $\lim\limits_{n \to +\infty} y_n = a$，$\lim\limits_{n \to +\infty} z_n = a$.

那么数列 $\{x_n\}$ 的极限存在，且 $\lim\limits_{n \to +\infty} x_n = a$.

证　因为 $\lim\limits_{n \to +\infty} y_n = a$，$\lim\limits_{n \to +\infty} z_n = a$，根据数列极限的定义，对于 $\forall \varepsilon > 0$，$\exists N_1 > 0$，当 $n > N_1$ 时，有 $|y_n - a| < \varepsilon$；同样，对于上述 ε，$\exists N_2 > 0$，当 $n > N_2$ 时，有 $|z_n - a| < \varepsilon$．故可取

$$N = \max\{N_1, N_2\},$$

则当 $n > N$ 时，有 $|y_n - a| < \varepsilon$，$|z_n - a| < \varepsilon$ 同时成立，即

$$a - \varepsilon < y_n < a + \varepsilon, \quad a - \varepsilon < z_n < a + \varepsilon .$$

从而有
$$a - \varepsilon < y_n \leqslant x_n \leqslant z_n < a + \varepsilon,$$

即

$$|x_n - a| < \varepsilon$$

成立，这就是说，$\lim\limits_{n \to +\infty} x_n = a$.

准则 1′　如果函数 $g(x)$，$f(x)$ 及 $h(x)$ 满足下列条件：

(1) 当 $x \in \overset{\circ}{U}(x_0, \delta)$（或 $|x| > M$）时，

$$g(x) \leqslant f(x) \leqslant h(x),$$

(2) $\lim\limits_{\substack{x \to x_0 \\ (\text{或} x \to \infty)}} g(x) = A$，$\lim\limits_{\substack{x \to x_0 \\ (\text{或} x \to \infty)}} h(x) = A$，

则 $\lim\limits_{\substack{x \to x_0 \\ (\text{或} x \to \infty)}} f(x) = A$.

准则 1 及准则 1′ 统称为夹逼准则.

例 1　求 $\lim\limits_{n \to +\infty} n \left(\dfrac{1}{n^2 + 1} + \dfrac{1}{n^2 + 2} + \cdots + \dfrac{1}{n^2 + n} \right)$.

解 因为 $\dfrac{n \cdot n}{n^2 + n} \leqslant n\left(\dfrac{1}{n^2 + 1} + \dfrac{1}{n^2 + 2} + \cdots + \dfrac{1}{n^2 + n}\right) \leqslant \dfrac{n \cdot n}{n^2 + 1}$,

又因 $\displaystyle\lim_{n \to +\infty} \dfrac{n^2}{n^2 + n} = 1, \lim_{n \to +\infty} \dfrac{n^2}{n^2 + 1} = 1$,

由夹逼定理得

$$\lim_{n \to +\infty} n\left(\dfrac{1}{n^2 + 1} + \dfrac{1}{n^2 + 2} + \cdots + \dfrac{1}{n^2 + n}\right) = 1.$$

下面根据准则 1′证明第一个重要极限

$$\lim_{x \to 0} \dfrac{\sin x}{x} = 1.$$

证 如图 1-15 所示的四分之一单位圆中，设圆心角 $\angle AOB = x\left(0 < x < \dfrac{\pi}{2}\right)$，则

有 $\sin x = BC$, $x = \overset{\frown}{AB}$, $\tan x = AD$. 又因

$\triangle AOB$ 的面积 < 扇形 AOB 的面积 < $\triangle AOD$ 的面积，即

$\dfrac{1}{2} BC \cdot OA < \dfrac{1}{2} OA \cdot < BOA < \dfrac{1}{2} OA \cdot AD$

则

$$\sin x < x < \tan x.$$

不等号各边都除以 $\sin x$，就有

$$1 < \dfrac{x}{\sin x} < \dfrac{1}{\cos x},$$

或

$$\cos x < \dfrac{\sin x}{x} < 1.$$

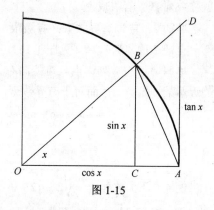

图 1-15

注意此不等式当 $-\dfrac{\pi}{2} < x < 0$ 时也成立. 而 $\displaystyle\lim_{x \to 0} \cos x = 1$，根据准则 1′，有

$$\lim_{x \to 0} \dfrac{\sin x}{x} = 1.$$

注 在计算极限 $\displaystyle\lim \dfrac{\sin \alpha(x)}{\alpha(x)}$ 时，只要 $\alpha(x)$ 是无穷小，就有 $\displaystyle\lim \dfrac{\sin \alpha(x)}{\alpha(x)} = 1$.

事实上，令 $u = \alpha(x)$，则 $u \to 0$，于是 $\displaystyle\lim \dfrac{\sin \alpha(x)}{\alpha(x)} = \lim_{u \to 0} \dfrac{\sin u}{u} = 1$.

例 2 求 $\displaystyle\lim_{x \to 0} \dfrac{\tan x}{x}$.

解 $\lim\limits_{x\to 0}\dfrac{\tan x}{x}=\lim\limits_{x\to 0}\dfrac{\sin x}{x}\cdot\dfrac{1}{\cos x}=\lim\limits_{x\to 0}\dfrac{\sin x}{x}\cdot\lim\limits_{x\to 0}\dfrac{1}{\cos x}=1.$

例3 求 $\lim\limits_{x\to 0}\dfrac{1-\cos x}{x^2}$.

解 $\lim\limits_{x\to 0}\dfrac{1-\cos x}{x^2}=\lim\limits_{x\to 0}\dfrac{2\sin^2\frac{x}{2}}{x^2}=\dfrac{1}{2}\lim\limits_{x\to 0}\dfrac{\sin^2\frac{x}{2}}{\left(\frac{x}{2}\right)^2}=\dfrac{1}{2}\lim\limits_{x\to 0}\left(\dfrac{\sin\frac{x}{2}}{\frac{x}{2}}\right)^2=\dfrac{1}{2}\cdot 1^2=\dfrac{1}{2}.$

二、单调有界准则

如果数列 $\{x_n\}$ 满足

$$x_1\leqslant x_2\leqslant\cdots\leqslant x_n\leqslant x_{n+1}\leqslant\cdots,$$

就称数列 $\{x_n\}$ 单调增加；如果数列 $\{x_n\}$ 满足

$$x_1\geqslant x_2\geqslant\cdots\geqslant x_n\geqslant x_{n+1}\geqslant\cdots,$$

就称数列 $\{x_n\}$ 单调减少.

准则2 单调有界数列必有极限.

准则2的几何解释（见图1-16）：

单调增加的数列的点只可能向右一个方向移动，或者无限向右移动，或者无限趋近于某一定点 A；而对于有界数列，只可能是后者发生.

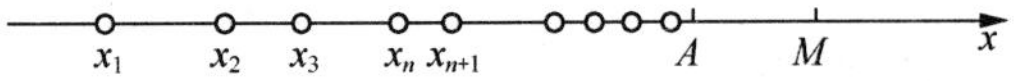

图1-16

例4 证明数列 $x_n=\sqrt{2+\sqrt{2+\sqrt{\cdots+\sqrt{2}}}}$ （n 重根式）的极限存在.

证 易知 $x_{n+1}>x_n$，即数列 $\{x_n\}$ 单调增加.

又因 $x_1=\sqrt{2}<2$，不妨假定 $x_k<2$，$x_{k+1}=\sqrt{2+x_k}<2$，即 $\{x_n\}$ 是有界的. 由准则2知 $\lim\limits_{n\to +\infty}x_n$ 存在，并记 $\lim\limits_{n\to +\infty}x_n=A$.

又因 $x_{n+1}=\sqrt{2+x_n}$，所以 $x_{n+1}^2=2+x_n$，$\lim\limits_{n\to +\infty}x_{n+1}^2=\lim\limits_{n\to +\infty}(2+x_n)$，

即有 $$A^2=2+A,$$

解得 $$A=\dfrac{1+\sqrt{5}}{2},\ A=\dfrac{1-\sqrt{5}}{2}\text{（舍去）}.$$

所以 $$\lim\limits_{n\to +\infty}x_n=\dfrac{1+\sqrt{5}}{2}.$$

另外，根据准则 2，可以证明重要极限 $\lim\limits_{x \to \infty}\left(1+\dfrac{1}{x}\right)^x = e$．

设 $x_n = \left(1+\dfrac{1}{n}\right)^n$．现证明数列 $\{x_n\}$ 是单调有界的．

按牛顿二项公式，有

$$x_n = \left(1+\frac{1}{n}\right)^n$$

$$= 1 + \frac{n}{1!}\cdot\frac{1}{n} + \frac{n(n-1)}{2!}\cdot\frac{1}{n^2} + \frac{n(n-1)(n-2)}{3!}\cdot\frac{1}{n^3} + \cdots + \frac{n(n-1)\cdots(n-n+1)}{n!}\cdot\frac{1}{n^n}$$

$$= 1 + 1 + \frac{1}{2!}\left(1-\frac{1}{n}\right) + \frac{1}{3!}\left(1-\frac{1}{n}\right)\left(1-\frac{2}{n}\right) + \cdots + \frac{1}{n!}\left(1-\frac{1}{n}\right)\left(1-\frac{2}{n}\right)\cdot\ \cdots\ \cdot\left(1-\frac{n-1}{n}\right),$$

$$x_{n+1} = 1 + 1 + \frac{1}{2!}\left(1-\frac{1}{n+1}\right) + \frac{1}{3!}\left(1-\frac{1}{n+1}\right)\left(1-\frac{2}{n+1}\right) + \cdots$$

$$+ \frac{1}{n!}\left(1-\frac{1}{n+1}\right)\left(1-\frac{2}{n+1}\right)\cdot\ \cdots\ \cdot\left(1-\frac{n-1}{n+1}\right)$$

$$+ \frac{1}{(n+1)!}\left(1-\frac{1}{n+1}\right)\left(1-\frac{2}{n+1}\right)\cdot\ \cdots\ \cdot\left(1-\frac{n}{n+1}\right).$$

比较 x_n，x_{n+1} 的展开式，可以看出除前两项外，x_n 的每一项都小于 x_{n+1} 的对应项，并且 x_{n+1} 还多了最后一项，其值大于 0，因此

$$x_n < x_{n+1}.$$

这就说明数列 $\{x_n\}$ 是单调增加的．

这个数列同时还是有界的．因为 x_n 的展开式中各项括号内的数用较大的数 1 代替，得

$$x_n < 1 + 1 + \frac{1}{2!} + \frac{1}{3!} + \cdots + \frac{1}{n!} < 1 + 1 + \frac{1}{2} + \frac{1}{2^2} + \cdots + \frac{1}{2^{n-1}}$$

$$= 1 + \frac{1-\dfrac{1}{2^n}}{1-\dfrac{1}{2}} = 3 - \frac{1}{2^{n-1}} < 3,$$

根据准则 2，数列 $\{x_n\}$ 必有极限．我们用 e 来表示这个极限，即

$$\lim\limits_{x \to \infty}\left(1+\frac{1}{x}\right)^x = e.$$

注 e 是个无理数，它的值是

$$e = 2.718\,281\,828\,459\,045\cdots.$$

指数函数 $y = e^x$ 以及对数函数 $y = \ln x$ 中的底 e 就是这个常数．

注 在求极限 $\lim[1+\alpha(x)]^{\frac{1}{\alpha(x)}}$ 时，只要 $\alpha(x)$ 是无穷小，就有

$$\lim[1+\alpha(x)]^{\frac{1}{\alpha(x)}}=\mathrm{e}.$$

令 $z=\dfrac{1}{x}$，当 $x\to\infty$ 时，$z\to 0$，即有 $\lim\limits_{z\to 0}(1+z)^{\frac{1}{z}}=\mathrm{e}$.

例 5 求 $\lim\limits_{x\to\infty}\left(1-\dfrac{1}{x}\right)^{x}$.

解 令 $t=-x$，则 $x\to\infty$ 时，$t\to\infty$，则

$$\lim_{x\to\infty}\left(1-\frac{1}{x}\right)^{x}=\lim_{t\to\infty}\left(1+\frac{1}{t}\right)^{-t}=\lim_{t\to\infty}\frac{1}{\left(1+\dfrac{1}{t}\right)^{t}}=\frac{1}{\mathrm{e}}.$$

或 $\qquad \lim\limits_{x\to\infty}\left(1-\dfrac{1}{x}\right)^{x}=\lim\limits_{x\to\infty}\left(1+\dfrac{1}{-x}\right)^{-x(-1)}=\left[\lim\limits_{x\to\infty}\left(1+\dfrac{1}{-x}\right)^{-x}\right]^{-1}=\mathrm{e}^{-1}.$

例 6 求 $\lim\limits_{x\to\infty}\left(\dfrac{3+x}{2+x}\right)^{2x}$.

解 原式 $=\lim\limits_{x\to\infty}\left[\left(1+\dfrac{1}{x+2}\right)^{x+2}\right]^{2}\left(1+\dfrac{1}{x+2}\right)^{-4}=\mathrm{e}^{2}$

例 7 求 $\lim\limits_{x\to 0}\dfrac{\ln(1+x)}{x}$.

解 $\lim\limits_{x\to 0}\dfrac{\ln(1+x)}{x}=\lim\limits_{x\to 0}\ln(1+x)^{\frac{1}{x}}=\ln\left(\lim\limits_{x\to 0}(1+x)^{\frac{1}{x}}\right)=\ln\mathrm{e}=1.$

例 8 求 $\lim\limits_{x\to 0}\dfrac{\mathrm{e}^{x}-1}{x}$.

解 令 $\mathrm{e}^{x}-1=u$, 即 $x=\ln(1+u)$，则当 $x\to 0$ 时，有 $u\to 0$，

即 $\qquad \lim\limits_{x\to 0}\dfrac{\mathrm{e}^{x}-1}{x}=\lim\limits_{u\to 0}\dfrac{u}{\ln(1+u)}=\lim\limits_{u\to 0}\dfrac{1}{\dfrac{\ln(1+u)}{u}}=1.$

习题 1-6

1. 计算下列极限：

（1） $\lim\limits_{x\to\infty}\dfrac{\sin 2x}{x}$ ；

（2） $\lim\limits_{x\to\infty}\dfrac{\cos x}{x}$ ；

（3） $\lim\limits_{x\to 0}\dfrac{\tan 5x}{\sin 3x}$ ；

（4） $\lim\limits_{x\to\infty}\dfrac{x-\sin x}{x+\sin x}$ ；

(5) $\lim\limits_{x\to 0}\dfrac{\sin 2x}{\sin 3x}$;

(6) $\lim\limits_{x\to\infty}\dfrac{1-\cos 2x}{x\sin x}$.

2. 计算下列极限:

(1) $\lim\limits_{x\to 0}(1-2x)^{\frac{1}{x}}$;

(2) $\lim\limits_{x\to 0}(1+3x)^{\frac{2}{x}}$;

(3) $\lim\limits_{x\to 0}\left(\dfrac{2+x}{x}\right)^{x}$;

(4) $\lim\limits_{x\to 0}\left(\dfrac{x}{x+1}\right)^{x+2}$.

3. 计算下列极限:

(1) $\lim\limits_{x\to\infty}\left(\dfrac{x^2}{x^2-1}\right)^{x}$;

(2) $\lim\limits_{x\to 0}(e^x+x)^{\frac{1}{x}}$.

4. 计算下列极限:

(1) $\lim\limits_{n\to 0}\left[\dfrac{1}{n^2}+\dfrac{1}{(n+1)^2}+\cdots+\dfrac{1}{(n+n)^2}\right]$;

(2) $\lim\limits_{n\to+\infty}(1+2^n+3^n)^{\frac{1}{n}}$;

第7节 无穷小的比较

一、无穷小比较的概念

两个无穷小的和、差、积是无穷小,但它们的商的情况却不同.如 x,$3x$,x^2 都是当 $x\to 0$ 时的无穷小,而 $\lim\limits_{x\to 0}\dfrac{x^2}{3x}=0$,$\lim\limits_{x\to 0}\dfrac{3x}{x^2}=\infty$,$\lim\limits_{x\to 0}\dfrac{3x}{x}=3$.两个无穷小之比的极限的各种不同情况,反映了不同的无穷小趋于零的"快慢"程度.为了比较无穷小,我们引入无穷小"阶的比较"的概念.

定义 设 $\alpha=\alpha(x)$ 和 $\beta=\beta(x)$ 是在同一变化过程中的两个无穷小量.

如果 $\lim\dfrac{\beta}{\alpha}=0$,则称 β 是比 α 高阶的无穷小,记作 $\beta=o(\alpha)$;

如果 $\lim\dfrac{\beta}{\alpha}=\infty$,则称 β 是比 α 低阶的无穷小;

如果 $\lim\dfrac{\beta}{\alpha}=C$($C$ 为常数,且 $C\neq 0$),则称 β 与 α 是同阶的无穷小;

如果 $\lim\dfrac{\beta}{\alpha}=1$,则称 β 与 α 是等价的无穷小,记作 $\alpha\sim\beta$.

显然,等价无穷小是同阶无穷小的特殊情形,即 $C=1$ 的情形.

下面举一些例子:

因为 $\lim\limits_{x \to 0} \dfrac{x^2}{3x} = 0$ ，所以当 $x \to 0$ 时， x^2 是比 $3x$ 高阶的无穷小，即 $x^2 = o(3x)$

$(x \to 0)$ ．同时也称 $3x$ 是比 x^2 低阶的无穷小．

因为 $\lim\limits_{x \to 0} \dfrac{\sin x}{x} = 1$ ，所以 $\sin x$ 与 x 是 $x \to 0$ 时的等价无穷小，即 $\sin x \sim x$

$(x \to 0)$ ．

因为 $\lim\limits_{x \to 3} \dfrac{x^2 - 9}{x - 3} = 6$ ，所以当 $x \to 3$ 时， $x^2 - 9$ 与 $x - 3$ 是同阶无穷小．

定理　设 $\alpha \sim \alpha'$ ， $\beta \sim \beta'$ ，且 $\lim \dfrac{\beta'}{\alpha'}$ 存在，则 $\lim \dfrac{\beta}{\alpha} = \lim \dfrac{\beta'}{\alpha'}$ ．

证　$\lim \dfrac{\beta}{\alpha} = \lim \left(\dfrac{\beta}{\beta'} \cdot \dfrac{\beta'}{\alpha'} \cdot \dfrac{\alpha'}{\alpha} \right) = \lim \dfrac{\beta}{\beta'} \cdot \lim \dfrac{\beta'}{\alpha'} \cdot \lim \dfrac{\alpha'}{\alpha} = \lim \dfrac{\beta'}{\alpha'}$ ．

定理表明，在求两个无穷小之比的极限时，分子、分母都可用其等价无穷小来代替．如果代替适当，可以简化计算．

二、等价无穷小及其应用

根据等价无穷小的定义，可以证明，当 $x \to 0$ 时，有下列常用的等价无穷小关系：

$\sin x \sim x$ ； $\tan x \sim x$ ； $\arcsin x \sim x$ ； $\arctan x \sim x$ ； $1 - \cos x \sim \dfrac{1}{2}x^2$ ； $\ln(1 + x) \sim x$ ；

$\mathrm{e}^x - 1 \sim x$ ； $\sqrt[n]{1 + x} - 1 \sim \dfrac{1}{n}x$ ．

例 1　求 $\lim\limits_{x \to 0} \dfrac{\sin 2x}{\tan 5x}$ ．

解　当 $x \to 0$ 时， $\sin 2x \sim 2x$ ， $\tan 5x \sim 5x$ ．所以

$$\lim_{x \to 0} \frac{\sin 2x}{\tan 5x} = \lim_{x \to 0} \frac{2x}{5x} = \frac{2}{5}.$$

例 2　求 $\lim\limits_{x \to 0} \dfrac{\ln(1 + x)}{x^3 + 3x}$ ．

解　当 $x \to 0$ 时， $\ln(1 + x) \sim x$ ， $x^3 + 3x$ 与其本身等价，所以

$$\lim_{x \to 0} \frac{\ln(1 + x)}{x^3 + 3x} = \lim_{x \to 0} \frac{x}{x^3 + 3x} = \lim_{x \to 0} \frac{1}{x^2 + 3} = \frac{1}{3}.$$

例 3　求 $\lim\limits_{x \to 0} \dfrac{\sin 5x^3}{(\sin 2x)^3}$ ．

解　$x \to 0$ 时， $\sin 2x \sim 2x$ ；

又 $x \to 0$ 时，$5x^3 \to 0$，所以 $\sin 5x^3 \sim 5x^3$. 因此

$$\lim_{x \to 0} \frac{\sin 5x^3}{(\sin 2x)^3} = \lim_{x \to 0} \frac{5x^3}{(2x)^3} = \frac{5}{8}.$$

例 4   求 $\lim\limits_{x \to 0} \dfrac{(e^x - 1) \tan x}{1 - \cos x}$.

解   当 $x \to 0$ 时，$e^x - 1 \sim x$，$\tan x \sim x$，$1 - \cos x \sim \dfrac{1}{2} x^2$. 所以

$$\lim_{x \to 0} \frac{(e^x - 1) \tan x}{1 - \cos x} = \lim_{x \to 0} \frac{x \cdot x}{\dfrac{1}{2} x^2} = 2.$$

在求商的极限时，分子、分母中的无穷小因子也可用其等价无穷小代替. 但要注意，求极限时，代数和中的无穷小一般是不能用其等价无穷小代替的.

例 5   求 $\lim\limits_{x \to 0} \dfrac{\tan x - \sin x}{x^3}$.

解   因为 $\tan x - \sin x = \tan x(1 - \cos x)$，而当 $x \to 0$ 时，$\tan x \sim x$，$1 - \cos x \sim \dfrac{1}{2} x^2$，所以

$$\lim_{x \to 0} \frac{\tan x - \sin x}{x^3} = \lim_{x \to 0} \frac{\tan x(1 - \cos x)}{x^3} = \lim_{x \to 0} \frac{x \cdot \dfrac{1}{2} x^2}{x^3} = \frac{1}{2}.$$

例 6   求极限 $\lim\limits_{x \to e} \dfrac{\ln x - 1}{x - e}$.

解   令 $x - e = t$，则 $x = e + t$，且 $t \to 0$，故

$$\lim_{x \to e} \frac{\ln x - 1}{x - e} = \lim_{t \to 0} \frac{\ln(e + t) - \ln e}{t} = \lim_{t \to 0} \frac{\ln\left(1 + \dfrac{t}{e}\right)}{t} = \lim_{t \to 0} \frac{\dfrac{t}{e}}{t} = \frac{1}{e} = e^{-1}.$$

习题 1-7

1. 当 $x \to 0$ 时，$2x - x^2$ 与 $x^2 - x^3$ 相比，哪一个是高阶无穷小？

2. 当 $x \to 0$ 时，$\sqrt{1 + ax^2} - 1$ 与 $\sin^2 x$ 是等价无穷小，求 a 的值.

3. 当 $x \to 2$ 时，无穷小 $2 - x$ 和（1）$8 - x^3$，（2）$\dfrac{1}{4}(4 - x^2)$ 是否同阶？是否等价？

4. 利用等价无穷小的性质，求下列极限：

（1）$\lim\limits_{x \to 0} \dfrac{\tan 2x}{3x}$；

（2）$\lim\limits_{x \to 0} \dfrac{\ln(1 + x)}{\arcsin x}$；

(3) $\lim\limits_{x \to 0} \dfrac{\sin(2x^2)}{1 - \cos x}$；

(4) $\lim\limits_{x \to 0} \dfrac{\sqrt{1 + \tan x} - \sqrt{1 - \tan x}}{\sqrt{1 + 2x} - 1}$.

5．利用等价无穷小的性质，求下列极限：

(1) $\lim\limits_{x \to 0} \dfrac{\sin(x^n)}{(\sin x)^m}$；

(2) $\lim\limits_{x \to 0} \dfrac{5x + \sin^2 x - 2x^3}{\tan x + 4x^2}$.

6．证明无穷小的等价关系具有下列性质：

(1) $\alpha \sim \alpha$ （自反性）；(2) 若 $\alpha \sim \beta$，则 $\beta \sim \alpha$ （对称性）；

(3) 若 $\alpha \sim \beta$，$\beta \sim \gamma$，则 $\alpha \sim \gamma$ （传递性）.

第 8 节　函数的连续与间断

　　在自然界和现实生活中，很多变量都是在连续不断地变化的，如气温的变化、河水的流动等. 这些现象反映到数学上就是函数的连续性. 所谓"函数的连续变化"，从直观上看，它的图像是连续不断的；从数量上分析，当自变量的变化微小时，函数值的变化也是很微小的.

一、函数的连续性

定义 1　设函数 $y = f(x)$ 在点 x_0 的某邻域内有定义，如果

$$\lim_{x \to x_0} f(x) = f(x_0)，\tag{1}$$

则称函数 $y = f(x)$ 在点 x_0 处连续，并称 x_0 为函数 $f(x)$ 的连续点.

　　(1) 式的等价形式是

$$\lim_{x \to x_0} [f(x) - f(x_0)] = 0.$$

　　习惯上常记 $\Delta x = x - x_0$，称为自变量 x 在 x_0 处的增量（增量 Δx 可以是正值，也可以是负值），这时 x 可记作 $x = x_0 + \Delta x$；同时把 $f(x) - f(x_0)$，即 $f(x_0 + \Delta x) - f(x_0)$，记作 Δy，称为函数 y 的对应增量.

　　由此，函数 $y = f(x)$ 在点 x_0 处连续的定义又可以叙述如下：

　　设函数 $y = f(x)$ 在点 x_0 的某邻域内有定义，

$$\lim_{\Delta x \to 0} \Delta y = \lim_{\Delta x \to 0} [f(x_0 + \Delta x) - f(x_0)] = 0，$$

则称函数 $y = f(x)$ 在点 x_0 处连续.

　　由于函数的连续性是由极限来定义的，所以根据左极限和右极限的概念，相应地可得函数在一点处左连续和右连续的定义.

定义 2　如果 $\lim\limits_{x \to x_0^-} f(x) = f(x_0^-)$ 存在且等于 $f(x_0)$，即

$$f(x_0^-) = f(x_0),$$

则称函数 $y = f(x)$ 在点 x_0 处左连续；如果 $\lim\limits_{x \to x_0^+} f(x) = f(x_0^+)$ 存在且等于 $f(x_0)$，即

$$f(x_0^+) = f(x_0),$$

则称函数 $y = f(x)$ 在点 x_0 处右连续.

显然，函数 $f(x)$ 在点 x_0 处连续的充分必要条件是 $f(x)$ 在点 x_0 处既左连续又右连续，即 $\lim\limits_{x \to x_0^-} f(x) = \lim\limits_{x \to x_0^+} f(x) = f(x_0)$.

在区间上每一点都连续的函数，叫作在该区间上的连续函数，或者说函数在该区间上连续. 如果区间包括端点，那么函数在左端点处右连续，在右端点处左连续.

例1 证明函数 $f(x) = \begin{cases} x\sin\dfrac{1}{x}, & x > 0, \\ 0, & x \leqslant 0 \end{cases}$ 在点 $x = 0$ 处连续.

证 因为 $\lim\limits_{x \to 0^-} f(x) = \lim\limits_{x \to 0^-} 0 = 0$，$\lim\limits_{x \to 0^+} f(x) = \lim\limits_{x \to 0^+} x\sin\dfrac{1}{x} = 0$，且 $f(0) = 0$，即有

$$\lim\limits_{x \to 0} f(x) = f(0) = 0,$$

所以，$f(x)$ 在点 $x = 0$ 处连续.

二、函数的间断点

1. 间断点的定义

如果函数 $f(x)$ 在点 x_0 处不连续，则称 $f(x)$ 在点 x_0 处间断，点 x_0 称为函数 $f(x)$ 的间断点.

如果 x_0 为 $f(x)$ 的间断点，则曲线 $y = f(x)$ 在点 $(x_0, f(x_0))$ 处不连续.

显然，由函数在一点处连续的定义可知，如果函数 $f(x)$ 在点 x_0 处满足以下三个条件之一时，点 x_0 为 $f(x)$ 的间断点：

（1）在点 x_0 处无定义；

（2）在点 x_0 处有定义，但极限 $\lim\limits_{x \to x_0} f(x)$ 不存在；

（3）虽然在点 x_0 处有定义，且极限 $\lim\limits_{x \to x_0} f(x)$ 存在，但 $\lim\limits_{x \to x_0} f(x) \neq f(x_0)$.

2. 间断点的分类

下面我们来观察下述几个函数的曲线在点 $x = 1$ 处的情况，给出间断点的分类：

① $y = x + 1$（见图 1-17）.

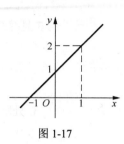

图 1-17

② $y = \dfrac{x^2 - 1}{x - 1}$（见图 1-18）

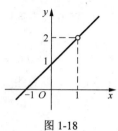

图 1-18

在点 $x = 1$ 处连续.

在点 $x = 1$ 处间断，$x \to 1$ 时的极限为 2.

③ $y = \begin{cases} x + 1, & x \neq 1, \\ 1, & x = 1 \end{cases}$（见图 1-19）.

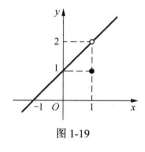

图 1-19

④ $y = \begin{cases} x + 1, & x < 1, \\ x, & x \geqslant 1 \end{cases}$（见图 1-20）.

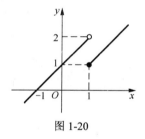

图 1-20

在点 $x = 1$ 处间断，$x \to 1$ 时的极限为 2.

在点 $x = 1$ 处间断，$x \to 1$ 时的左极限为 2，右极限为 1.

⑤ $y = \dfrac{1}{x - 1}$（见图 1-21）.

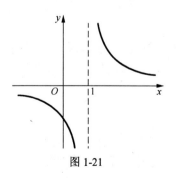

图 1-21

⑥ $y = \sin \dfrac{1}{x}$（见图 1-22）.

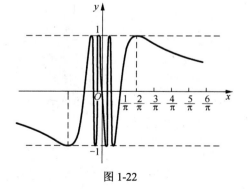

图 1-22

在点 $x = 1$ 处间断，$\lim\limits_{x \to 1} \dfrac{1}{x - 1} = \infty$.

在点 $x = 0$ 处间断，$x \to 1$ 时的极限不存在.

设 x_0 是函数 $f(x)$ 的间断点，若 $f(x)$ 在点 x_0 处的左、右极限都存在，则称 x_0 为 $f(x)$ 的第一类间断点；凡不是第一类的间断点都称为第二类间断点.

在第一类间断点中，如果左、右极限存在但不相等，这种间断点又称为跳跃间断点；如果左、右极限存在且相等（极限存在），但函数在该点没有定义，或者虽然函数在该点有定义，但函数值不等于极限值，这种间断点又称为可去间断点.

例 2 考察函数 $y = \dfrac{1}{x}$ 在点 $x = 0$ 处的连续性. 若 $x = 0$ 是间断点，判断其类型.

解 因为 $y = \dfrac{1}{x}$ 在点 $x = 0$ 处没有定义，所以，$y = \dfrac{1}{x}$ 在点 $x = 0$ 处不连续，$x = 0$ 是间断点.

由于 $\lim\limits_{x \to 0} \dfrac{1}{x} = \infty$，故 $x = 0$ 为第二类间断点，也称为无穷间断点.

例 3 考察函数 $f(x) = \begin{cases} 2x+2, & x \neq 1, \\ 2, & x = 1 \end{cases}$ 在点 $x = 1$ 处的连续性. 若 $x = 1$ 为间断点，判断其类型.

解 函数 $f(x)$ 在 $x = 1$ 处有定义，且 $f(1) = 2$.

因为 $\lim\limits_{x \to 1}(2x+2) = 4 \neq f(1)$，所以 $f(x)$ 在 $x = 1$ 处不连续，$x = 1$ 为间断点，且为第一类间断点. 由于我们可以改变函数的定义域，令 $f(1) = 4$，从而使函数 $f(x)$ 在 $x = 1$ 处连续，故 $x = 1$ 为可去间断点.

例 4 求函数 $f(x) = \begin{cases} x-1, & x < 0, \\ 0, & x = 0, \\ x+1, & x > 0 \end{cases}$ 的间断点，并判断其类型.

解 当 $x < 0$ 或 $x > 0$ 时，函数无间断点，只需讨论 $x = 0$ 是否为间断点.

$f(x)$ 在 $x = 0$ 处有定义，且 $f(0) = 0$.

由于
$$\lim_{x \to 0^-} f(x) = \lim_{x \to 0^-}(x-1) = -1,$$
$$\lim_{x \to 0^+} f(x) = \lim_{x \to 0^+}(x+1) = 1,$$

因此，在 $x = 0$ 处，$f(x)$ 的左极限和右极限存在但不相等. 故 $x = 0$ 为间断点，且为第一类间断点，也称为跳跃间断点.

三、连续函数的运算

由极限的四则运算法则和复合函数求极限的法则，很容易得出以下结论：

连续函数的和、差、积、商(分母不为零处)是连续函数；连续函数的复合函数是连续函数.

由以上结论和基本初等函数的连续性，再根据初等函数的定义，我们可以得到以下重要结论：

初等函数在其定义域内的任一区间上都是连续的.

根据这个结论及函数连续的概念可知，初等函数的连续区间即是其定义区间；要求初等函数 $f(x)$ 在其定义域内的点 x_0 处的极限，只需求出 $f(x)$ 在 x_0 处的函数值即可.

例如， $\lim\limits_{x\to 2}\sqrt{x^3+1}=\sqrt{2^3+1}=3$.

应当指出的是，由于分段函数不是初等函数，所以其定义域不一定是它的连续区间.

例如，函数

$$f(x)=\begin{cases} x, & x\leqslant 0, \\ 1, & x>0 \end{cases}$$

的定义域是 $(-\infty,+\infty)$ ，但 $f(x)$ 在点 $x=0$ 处间断，所以它的连续区间是 $(-\infty,0)\bigcup(0,+\infty)$.

四、闭区间上连续函数的性质

在闭区间上连续的函数有几个重要的性质，下面以定理的形式叙述它们.

定理 1（最大值和最小值定理） 在闭区间上连续的函数在该区间上一定能取得它的最大值和最小值.

如图 1-23 所示，从几何上直观地看，因为闭区间上的连续函数的图像是包括两端点的一条不间断的曲线，所以它必定有最高点 P 和最低点 Q ， P 与 Q 的纵坐标正是函数的最大值和最小值.

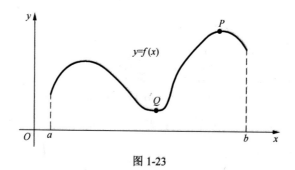

图 1-23

注 如果函数在开区间内连续，或者函数在闭区间上有间断点，那么函数在该区间上不一定有最大值或最小值. 例如，函数 $y=\tan x$ 在开区间 $\left(-\dfrac{\pi}{2},\dfrac{\pi}{2}\right)$ 内是连续的，但它在开区间 $\left(-\dfrac{\pi}{2},\dfrac{\pi}{2}\right)$ 内既无最大值又无最小值.

如果点 x_0 使得 $f(x_0)=0$ ，则称 x_0 为函数 $f(x)$ 的**零点**.

定理 2（零点定理）设函数 $f(x)$ 在闭区间 $[a,b]$ 上连续，且 $f(a)$ 与 $f(b)$ 异号（$f(a) \cdot f(b) < 0$），那么在开区间 (a,b) 内至少有一点 ξ，使 $f(\xi) = 0$.

从几何上看，定理 2 表示：如果连续曲线 $y = f(x)$ 的两个端点位于 x 轴的不同侧，那么这段曲线与 x 轴至少有一个交点.

由定理 2，立即可推得下列较一般性的定理.

定理 3（介值定理）设函数 $f(x)$ 在闭区间 $[a,b]$ 上连续，且 $f(a) \neq f(b)$，则对于介于 $f(a)$ 与 $f(b)$ 之间的任意一个数 C，至少存在一点 $\xi \in (a,b)$，使 $f(\xi) = C \ (a < \xi < b)$.

介值定理的几何意义是：连续曲线 $y = f(x)$ 与水平直线 $y = C$ 至少相交于一点.

推论 在闭区间上连续的函数必取得介于最大值 M 与最小值 m 之间的任何值.

例 5 证明方程 $x^3 - 3x^2 + 1 = 0$ 在 $(0,1)$ 内至少有一个根.

证 令 $f(x) = x^3 - 3x^2 + 1$，则 $f(x)$ 在 $[0,1]$ 上连续. 又 $f(0) = 1 > 0$，$f(1) = -1 < 0$，根据零点定理，至少存在一点 $\xi \in (0,1)$，使得 $f(\xi) = 0$，即方程 $x^3 - 3x^2 + 1 = 0$ 在 $(0,1)$ 内至少有一个根.

习题 1-8

1. 研究下列函数的连续性，并画出函数的图像.

（1）$f(x) = \begin{cases} x+2, & x \geq 2, \\ x^2, & x < 2; \end{cases}$ 　　（2）$f(x) = \begin{cases} x, & -1 \leq x \leq 1, \\ 1, & x < -1 \text{或} x > 1. \end{cases}$

2. 讨论函数 $f(x) = \begin{cases} 1 + \dfrac{x}{2}, & x < 0, \\ 0, & x = 0, \\ 1 + x^2, & 0 < x \leq 1, \\ 4 - x, & x > 1 \end{cases}$ 在 $x = 0$ 和 $x = 1$ 处的连续性.

3. 适当选择 a 的值，使 $f(x) = \begin{cases} x + a, & x \geq 0, \\ (1+x)^{\frac{2}{x}}, & x < 0 \end{cases}$ 在 $x = 0$ 处连续.

4. 若函数 $f(x)$ 在 x_0 处连续，则 $|f(x)|$，$f^2(x)$ 在 x_0 处是否连续？又若 $|f(x)|$，$f^2(x)$ 在 x_0 处连续，则 $f(x)$ 在 x_0 处是否连续？

5. 设 $f(x) = \begin{cases} \dfrac{1}{e^x}, & x < 0, \\ \dfrac{a+x}{3}, & x \geq 0, \end{cases}$ 问：a 取何值时，$f(x)$ 在整个数轴上连续？

6. 证明方程 $x^5 - 3x - 1 = 0$ 在区间 $(1,2)$ 内至少有一个实根.

7. 设 $f(x) = \begin{cases} \dfrac{x^4 + ax + b}{(x-1)(x+2)}, & x \neq 1, x \neq -2, \\ 2, & x = 1, \end{cases}$ 为使 $f(x)$ 在 $x = 1$ 处连续，a 与 b 应取何值？

8. 讨论 $f(x) = \begin{cases} x^\alpha \sin \dfrac{1}{x}, & x > 0, \\ e^x + \beta, & x \leqslant 0 \end{cases}$ 在 $x = 0$ 处的连续性.

9. 证明方程 $x^5 - 2x^4 - x - 3 = 0$ 在区间 $(2,3)$ 内存在一个根.

本 章 小 结

本章主要讲述三个方面的内容：函数、极限、连续. 其中函数是初等数学到高等数学的过渡，极限、连续是高等数学的开端. 这章内容是本书中的基础部分，是为后面的导数、微分和积分做铺垫. 学习本章从以下两方面出发：

1. 概念部分

（1）函数的概念，复合函数和初等函数的概念；

（2）数列和函数极限的定义，无穷大量与无穷小量的概念，极限的法则，两个重要极限；

（3）函数连续的概念，连续的判断，间断点的判断与分类，初等函数的连续性，闭区间上连续函数的性质.

2. 计算极限部分

（1）利用极限的四则运算法则；

（2）对于分式的极限，利用无穷大量与无穷小量的关系；

（3）对于分式的极限，若分子、分母的极限都为零，进行因式分解，消去公因式；

（4）对于 $\lim\limits_{x \to \infty} \dfrac{P(x)}{Q(x)}$，其中 $P(x)$，$Q(x)$ 为 x 的多项式，可以利用公式求得；

（5）利用两个重要极限公式；

（6）利用函数的连续性；

（7）利用无穷大量与无穷小量的性质；

（8）利用等价无穷小量的替换；

（9）对于分段函数，利用在分段点的两侧比较左、右极限的办法；

（10）对于不定型的极限，应用洛必达法则（会在第 3 章中介绍）.

总习题 1

（A）

1. 求下列极限：

（1）$\lim\limits_{x \to 0} \dfrac{1 - \cos ax}{x^2}$；

（2）$\lim\limits_{x \to 0} \dfrac{(1 + \sin x)^x - 1}{x}$；

（3）$\lim\limits_{x \to 0} \dfrac{\sqrt{1 + \tan x} - \sqrt{1 + \sin x}}{x^3}$；

（4）$\lim\limits_{x \to 1} (1 + \ln x)^{\frac{1}{(x-1)}}$；

（5）$\lim\limits_{x \to 0} (1 + 2x)^{\frac{\sin x}{x}}$；

（6）$\lim\limits_{x \to +\infty} \dfrac{e^x + 4e^{-x}}{3e^x + 2e^{-x}}$；

（7）$\lim\limits_{x \to \infty} \dfrac{\arctan(x^2)}{x}$；

（8）$\lim\limits_{n \to \infty} \left(\dfrac{n-2}{n+1} \right)^n$；

（9）$\lim\limits_{x \to a} \dfrac{a^x - a^a}{x - a} \, (a > 0, a \neq 1)$；

（10）$\lim\limits_{x \to 0} (\cos x)^{\frac{1}{x^2}}$；

（11）$\lim\limits_{x \to 0} \dfrac{a^{3x} - 1}{x} \, (a > 0, a \neq 1)$；

（12）$\lim\limits_{x \to 0} \dfrac{2x + \cos x}{3x - \sin x}$.

2. $\lim\limits_{x \to 0} x \sqrt{\cos \dfrac{2}{x^2}}$（　　）.

A. 等于 0

B. 等于 $\sqrt{2}$

C. 为无穷大

D. 不存在，但不为无穷大

3. $\lim\limits_{x \to 0} \dfrac{\sin \dfrac{1}{x}}{\dfrac{1}{x}}$ 的值（　　）.

A. 等于 1

B. 等于 0

C. 为无穷大

D. 不存在，但不为无穷大

4. 当 $x \to 0$ 时，与 x 是等价无穷小的为（　　）.

A. $\sin 2x$

B. $\ln(1 - x)$

C. $\sqrt{1 + x} - \sqrt{1 - x}$

D. $x(x + \sin x)$

5. 设 $\alpha = \ln \dfrac{x+1}{x}$，$\beta = \arctan x$，当 $x \to +\infty$ 时，（　　）.

A. $\alpha \sim \beta$

B. α 与 β 是同阶无穷小，但不是等价无穷小

C. α 是 β 同阶无穷小

D. α 与 β 不全是无穷小

6. 设 $f(x) = \begin{cases} x\sin\dfrac{1}{x}, & x > 0, \\ a+x, & x \leqslant 0, \end{cases}$ 要使 $f(x)$ 在 $(-\infty, +\infty)$ 内连续，a 应当取何值？

7. 证明方程 $\sin x + x + 1 = 0$ 在开区间 $\left(-\dfrac{\pi}{2}, 0\right)$ 内至少有一个根.

8. 设 $f(x) = \begin{cases} \dfrac{\sin 2x}{x}, & x < 0, \\ x^2 + a, & x \geqslant 0, \end{cases}$ 试确定 a 的值，使函数 $f(x)$ 在 $x = 0$ 处连续.

（B）

1. 设 $f(x) = x\sin\dfrac{1}{x} + \dfrac{1}{x}\sin x$，$\lim\limits_{x \to 0} f(x) = a$，$\lim\limits_{x \to \infty} f(x) = b$，则有（   ）.

A. $a = 1, b = 1$ B. $a = 1, b = 2$

C. $a = 2, b = 1$ D. $a = 2, b = 2$

2. 设 $f(x) = \begin{cases} \dfrac{e^{ax} - 1}{x}, & x \neq 0, \\ b, & x = 0, \end{cases}$ 且 $\lim\limits_{x \to 0} f(x) = A$，则 a, b, A 之间的关系为（   ）.

A. a, b 可取任意实数，$A = 1$ B. a, b 可取任意实数，$A = b$

C. a, b 可取任意实数，$A = a$ D. a 可取任意实数，$A = b = a$

3. 当 $x \to 0$ 时，下列无穷小量中与 x^2 不等价的是（   ）.

A. $1 - \cos\sqrt{2}x$ B. $\ln\sqrt{1 + x^2}$

C. $\sqrt{1 + x^2} - \sqrt{1 - x^2}$ D. $e^x + e^{-x} - 2$

4. 设 $f(x) = \begin{cases} \dfrac{1 - \cos x}{x}, & x > 0, \\ \dfrac{x+1}{1 + e^{\frac{1}{x}}}, & x < 0, \end{cases}$ 则下列命题中正确的是（   ）.

A. $\lim\limits_{x \to 0} f(x) = 0$

B. $\lim\limits_{x \to 0^+} f(x) \neq \lim\limits_{x \to 0^-} f(x)$

C. $\lim\limits_{x \to 0^+} f(x)$ 存在，$\lim\limits_{x \to 0^-} f(x)$ 不存在

D. $\lim\limits_{x \to 0^-} f(x)$ 存在，$\lim\limits_{x \to 0^+} f(x)$ 不存在

5. 讨论下列函数的连续性，若有间断点，指出其类型.

（1）$f(x) = \dfrac{\sin 2x}{x}$；

（2） $f(x) = \arctan\dfrac{1}{x}$;

（3） $f(x) = \dfrac{x^2-1}{x^2-3x-2}$;

（4） $f(x) = \sin\dfrac{1}{x}$.

6．设 $f(x) = x\cos x$ ，试判断：

（1） $f(x)$ 在 $[0,+\infty)$ 上是否有界；

（2）当 $x \to \infty$ 时， $f(x)$ 是否为无穷大.

7．证明 $\lim\limits_{x\to 0}\cos\dfrac{1}{x}$ 不存在.

8．若 $\lim\limits_{n\to\infty}\left|a_n\right| = \left|A\right|$ ，讨论 $\lim\limits_{n\to\infty}a_n$ 是否存在.

9．已知 $\lim\limits_{x\to 0}(1+kx)^{\frac{1}{x}} = \sqrt{\mathrm{e}}$ ，求 k 的值.

第 2 章 导数与微分

微分学是微积分的重要组成部分，它的基本概念是导数与微分．在这里，又有两类问题：一是求函数相对于自变量的变化率；二是当自变量发生微小的变化时，求函数改变量的近似值．前者是导数的问题，后者是微分的问题．本章以极限为基础，引入导数和微分的定义，并给出它们的计算方法．

第 1 节 导数的概念

一、引例

1. 平面曲线的切线问题

如图 2-1 所示，设平面曲线 $C: y = f(x)$，求过 C 上的一点 $M(x_0, y_0)$ 的切线 MT．

在 C 上取一点 $N(x_0 + \Delta x, y_0 + \Delta y)$，则过 M, N 两点的割线的斜率为

$$\tan \varphi = \frac{f(x_0 + \Delta x) - f(x_0)}{\Delta x} = \frac{\Delta y}{\Delta x}.$$

当点 N 沿曲线趋近于点 M 时，割线以 M 为定点旋转，N 与 M 最终重合时的割线到达了某个极限位置，称为曲线在点 M 处的切线，且割线的倾斜角 φ 逼近于切线的倾斜角 α．如果极限存在，则切线斜率为

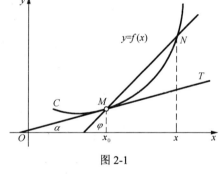

图 2-1

$$k = \tan \alpha = \lim_{\varphi \to \alpha} \tan \varphi = \lim_{\Delta x \to 0} \frac{\Delta y}{\Delta x} = \lim_{\Delta x \to 0} \frac{f(x_0 + \Delta x) - f(x_0)}{\Delta x}.$$

故切线 MT 的方程为

$$y - y_0 = k(x - x_0).$$

当 $k = \pm\infty$ 时，MT 的方程为 $x = x_0$，即为平行于 y 轴的竖直切线．

2. 变速直线运动的速度问题

假设一辆汽车做变速直线运动,汽车在 $[0, t]$ 时间段内所经过的路程为 s，则 s 是时间 t 的函数：$s = s(t)$，求该汽车在 t_0 时刻的瞬时速度 $v(t_0)$．

任取接近于 t_0 的时刻 $t_0 + \Delta t$，则汽车在这段时间内所经过的路程为

$$\Delta s = s(t_0 + \Delta t) - s(t_0),$$

其间的平均速度为

$$\bar{v} = \frac{\Delta s}{\Delta t} = \frac{s(t_0 + \Delta t) - s(t_0)}{\Delta t}.$$

当时间间隔 Δt 越小时，平均速度 $\bar{v}$ 就与 t_0 时的瞬时速度 $v(t_0)$ 越接近，可以认为在时间段 $[t_0, t_0 + \Delta t]$ 内近似地做匀速运动. 当 $\Delta t \to 0$ 时，我们把平均速度 $\bar{v}$ 的极限值称为 t_0 时的瞬时速度 $v(t_0)$，即

$$v(t_0) = \lim_{\Delta t \to 0} \bar{v} = \lim_{\Delta t \to 0} \frac{\Delta s}{\Delta t} = \lim_{\Delta t \to 0} \frac{s(t_0 + \Delta t) - s(t_0)}{\Delta t}.$$

以上两个实例的意义完全不同，但从得到的结果来看，最终都归结为一种平均变化率的极限问题. 它们的实质都是一个特定的极限——当自变量的改变量趋于零时，函数的改变量与自变量的改变量的比值的极限. 这个特定的极限就是导数.

二、导数的定义

定义 1 设函数 $y = f(x)$ 在点 x_0 的某邻域 $U(x_0)$ 内有定义，当自变量 x 在 x_0 处取得改变量 Δx （ $\Delta x \neq 0$ 且 $x_0 + \Delta x \in U(x_0)$ ）时，函数 y 取得相应的改变量

$$\Delta y = f(x_0 + \Delta x) - f(x_0),$$

如果极限

$$\lim_{\Delta x \to 0} \frac{\Delta y}{\Delta x} = \lim_{\Delta x \to 0} \frac{f(x_0 + \Delta x) - f(x_0)}{\Delta x}$$

存在，则称函数 $y = f(x)$ 在 x_0 点可导，并称该极限值为 $y = f(x)$ 在 x_0 点的导数，记作

$$f'(x_0), \quad y'\big|_{x=x_0}, \quad \frac{dy}{dx}\bigg|_{x=x_0} \quad \text{或} \quad \frac{df(x)}{dx}\bigg|_{x=x_0}.$$

注 （1）导数定义的等价形式：$f'(x_0) = \lim_{h \to 0} \dfrac{f(x_0 + h) - f(x_0)}{h} = \lim_{x \to x_0} \dfrac{f(x) - f(x_0)}{x - x_0}$.

（2）$\dfrac{\Delta y}{\Delta x}$ 是函数 $y = f(x)$ 在间隔 Δx 内的平均变化率，因此 $\lim\limits_{\Delta x \to 0} \dfrac{\Delta y}{\Delta x}$ 为函数在点 x_0 处的变化率.

（3）若极限 $\lim\limits_{\Delta x \to 0} \dfrac{\Delta y}{\Delta x}$ 不存在，则称函数 $y = f(x)$ 在 x_0 点不可导. 如果造成不可导的原因是 $\lim\limits_{\Delta x \to 0} \dfrac{\Delta y}{\Delta x} = \infty$，习惯上也称导数为无穷大.

例 1 用定义求函数 $y = x^3$ 在 $x = 1$ 处的导数.

解 当 x 从 1 变到 $1 + \Delta x$ 时，函数相应的改变量为

$$\Delta y = (1+\Delta x)^3 - 1^3 = 3\Delta x + 3(\Delta x)^2 + (\Delta x)^3 ,$$

$$\frac{\Delta y}{\Delta x} = 3 + 3\Delta x + (\Delta x)^2 ,$$

所以

$$y'\Big|_{x=1} = \lim_{\Delta x \to 0} \frac{\Delta y}{\Delta x} = \lim_{\Delta x \to 0}[3 + 3\Delta x + (\Delta x)^2] = 3 .$$

例 2　已知物体的运动规律 $s = t^2$，求该物体在 $t = 2$ 时的速度 $v(2)$．

解　$v(2) = s'\Big|_{t=2} = \lim_{\Delta t \to 0} \frac{s(2+\Delta t) - s(2)}{\Delta t} = \lim_{\Delta t \to 0} \frac{(2+\Delta t)^2 - 2^2}{\Delta t} = \lim_{\Delta t \to 0} \frac{\Delta t^2 + 4\Delta t}{\Delta t} = 4 .$

例 3　试讨论函数 $f(x) = \begin{cases} x\sin\dfrac{1}{x}, & x \neq 0, \\ 0, & x = 0 \end{cases}$ 在 $x = 0$ 处的连续性与可导性．

解　因为 $\sin\dfrac{1}{x}$ 是有界函数，所以 $\lim_{x \to 0} f(x) = \lim_{x \to 0} x\sin\dfrac{1}{x} = 0 = f(0)$，故 $f(x)$ 在 $x = 0$ 处连续．

另一方面，$\lim_{\Delta x \to 0} \dfrac{\Delta y}{\Delta x} = \lim_{\Delta x \to 0} \dfrac{\Delta x \sin\dfrac{1}{\Delta x} - 0}{\Delta x} = \lim_{\Delta x \to 0} \sin\dfrac{1}{\Delta x}$，极限不存在，因此 $f(x)$ 在 $x = 0$ 处不可导．

由例 3 可知，连续不一定可导；反之，如果函数 $y = f(x)$ 在 x_0 点可导，则一定在 x_0 点连续．

定理 1　若函数 $y = f(x)$ 在 x_0 点可导，则 $y = f(x)$ 在 x_0 点连续．

证　令 $\Delta y = f(x_0 + \Delta x) - f(x_0)$，则

$$\lim_{\Delta x \to 0} \Delta y = \left(\lim_{\Delta x \to 0} \frac{\Delta y}{\Delta x}\right)\left(\lim_{\Delta x \to 0} \Delta x\right) = f'(x_0) \cdot 0 = 0 ,$$

故函数 $y = f(x)$ 在 x_0 点连续．

该定理表明可导是连续的充分条件，而连续则是可导的必要条件．换句话说，如果函数在某一点不连续，则在该点一定不可导．

三、左导数与右导数

定义 2　若 $\lim_{\Delta x \to 0^-} \dfrac{\Delta y}{\Delta x} = \lim_{\Delta x \to 0^-} \dfrac{f(x_0 + \Delta x) - f(x_0)}{\Delta x}$ 存在，则称极限值为函数 $y = f(x)$ 在 x_0 点的左导数，记作 $f'_-(x_0)$；

若 $\lim\limits_{\Delta x \to 0^+} \dfrac{\Delta y}{\Delta x} = \lim\limits_{\Delta x \to 0^+} \dfrac{f(x_0 + \Delta x) - f(x_0)}{\Delta x}$ 存在，则称极限值为函数 $y = f(x)$ 在 x_0 点的右导数，记作 $f'_+(x_0)$.

左导数和右导数统称为单侧导数.

由于函数 $y = f(x)$ 在点 x_0 处的导数 $f'(x)$ 是否存在，取决于极限

$$\lim_{\Delta x \to 0} \frac{\Delta y}{\Delta x} = \lim_{\Delta x \to 0} \frac{f(x_0 + \Delta x) - f(x_0)}{\Delta x}$$

是否存在，而极限存在的充要条件是左、右极限都存在并相等，因此可以得到导数 $f'(x)$ 存在的充要条件.

定理 2 $y = f(x)$ 在 x_0 点可导的充分必要条件是 $y = f(x)$ 在 x_0 点的左、右导数存在并且相等.

例 4 研究函数 $f(x) = |x|$ 在点 $x = 0$ 处是否可导.

解 $\Delta y = f(0 + \Delta x) - f(0) = f(\Delta x) = |\Delta x|$，所以函数在 $x = 0$ 处的左、右导数分别为

$$f'_-(0) = \lim_{\Delta x \to 0^-} \frac{\Delta y}{\Delta x} = \lim_{\Delta x \to 0^-} \frac{|\Delta x|}{\Delta x} = -1,$$

$$f'_+(0) = \lim_{\Delta x \to 0^+} \frac{\Delta y}{\Delta x} = \lim_{\Delta x \to 0^+} \frac{|\Delta x|}{\Delta x} = 1.$$

$f'_-(0) \neq f'_+(0)$，故 $f(x) = |x|$ 在点 $x = 0$ 处不可导.

四、函数的导数

前面我们讨论的都是函数在一点处的导数，如果函数 $y = f(x)$ 在开区间 (a,b) 内的每个点处都可导，则称函数 $y = f(x)$ 在开区间 (a,b) 内可导. 此时，对于任意 $x \in (a,b)$，都对应着函数 $f(x)$ 的一个确定的导数值 $f'(x)$，这样就构成了一个新的函数，这个函数称作原来函数 $y = f(x)$ 的导函数，记为

$$f'(x), \quad y', \quad \frac{\mathrm{d}y}{\mathrm{d}x} \text{ 或 } \frac{\mathrm{d}f(x)}{\mathrm{d}x}.$$

如果函数 $y = f(x)$ 在闭区间 $[a,b]$ 上有定义，能否定义它在这个闭区间上的导数呢？答案是肯定的. 若函数 $y = f(x)$ 在开区间内可导，在区间的端点处有相应的单侧导数(左端点处有右导数，右端点处有左导数)，则称函数 $y = f(x)$ 在闭区间 $[a,b]$ 上可导.

函数 $f(x)$ 在点 x_0 处的导数 $f'(x_0)$ 就是其导函数 $f'(x)$ 在点 x_0 处的函数值. 通常，导函数 $f'(x)$ 简称导数，而 $f'(x_0)$ 是 $f(x)$ 在点 x_0 处的导数或导数 $f'(x)$ 在点 x_0 处的值.

例5 求函数 $f(x) = C$ （C 为常数）的导数.

解 $f'(x) = \lim\limits_{h \to 0} \dfrac{f(x+h) - f(x)}{h} = \lim\limits_{h \to 0} \dfrac{C - C}{h} = 0$，

即 $C' = 0$. 这就是说，常数的导数等于零.

例6 求函数 $f(x) = x^n$ （n 为正整数）的导数.

解 $f'(x) = \lim\limits_{h \to 0} \dfrac{f(x+h) - f(x)}{h}$

$= \lim\limits_{h \to 0} \dfrac{(x+h)^n - x^n}{h}$

$= \lim\limits_{h \to 0} \left[nx^{n-1} + \dfrac{n(n-1)}{2!} x^{n-2} h + \cdots + h^{n-1} \right]$

$= nx^{n-1}$，

即 $(x^n)' = nx^{n-1}$.

更一般地，对于幂函数 $y = x^\mu$，有 $(x^\mu)' = \mu x^{\mu-1}$ （μ 为实数）. 利用这个公式，可以很方便地求出幂函数的导数. 例如，

当 $\mu = \dfrac{1}{2}$ 时，$y = x^{\frac{1}{2}} = \sqrt{x}$ （$x > 0$）的导数为

$$\left(x^{\frac{1}{2}} \right)' = \frac{1}{2} x^{\frac{1}{2}-1} = \frac{1}{2} x^{-\frac{1}{2}}，\quad 即 (\sqrt{x})' = \frac{1}{2\sqrt{x}}；$$

当 $\mu = -1$ 时，$y = x^{-1} = \dfrac{1}{x}$ （$x \neq 0$）的导数为

$$(x^{-1})' = (-1)x^{-1-1} = -x^{-2}，\quad 即 \left(\frac{1}{x} \right)' = -\frac{1}{x^2}.$$

例7 求函数 $f(x) = \sin x$ 的导数.

解 $f'(x) = \lim\limits_{h \to 0} \dfrac{f(x+h) - f(x)}{h}$

$= \lim\limits_{h \to 0} \dfrac{\sin(x+h) - \sin x}{h}$

$= \lim\limits_{h \to 0} \dfrac{1}{h} \cdot 2\cos\left(x + \dfrac{h}{2} \right) \sin \dfrac{h}{2}$

$= \lim\limits_{h \to 0} \cos\left(x + \dfrac{h}{2} \right) \cdot \dfrac{\sin \dfrac{h}{2}}{\dfrac{h}{2}}$

$= \cos x$，

即 $(\sin x)' = \cos x$.

用类似的方法，可求得 $(\cos x)' = -\sin x$.

例8 求函数 $f(x) = a^x$ （ $a > 0$ ， $a \neq 1$ ）的导数.

解
$$f'(x) = \lim_{h \to 0} \frac{f(x+h) - f(x)}{h}$$
$$= \lim_{h \to 0} \frac{a^{x+h} - a^x}{h}$$
$$= a^x \lim_{h \to 0} \frac{a^h - 1}{h}$$
$$= a^x \ln a,$$

即 $(a^x)' = a^x \ln a$. 特别地，当 $a = e$ 时， $(e^x)' = e^x$.

上式表明，以 e 为底的指数函数的导数就是它自己，这是指数函数的一个重要特性.

例9 求函数 $f(x) = \log_a x$ （ $a > 0$ ， $a \neq 1$ ）的导数.

解
$$f'(x) = \lim_{h \to 0} \frac{f(x+h) - f(x)}{h}$$
$$= \lim_{h \to 0} \frac{\log_a(x+h) - \log_a(x)}{h}$$
$$= \lim_{h \to 0} \frac{\log_a\left(1+\dfrac{h}{x}\right) \cdot \dfrac{1}{x}}{\dfrac{h}{x}}$$
$$= \frac{1}{x} \lim_{h \to 0} \left(1+\frac{h}{x}\right)^{\frac{x}{h}}$$
$$= \frac{1}{x} \log_a e,$$

即 $(\log_a x)' = \dfrac{1}{x \ln a}$. 特别地，当 $a = e$ 时， $(\ln x)' = \dfrac{1}{x}$.

五、导数的几何意义

由本节关于平面曲线的切线问题可知，若曲线 $y = f(x)$ 在点 $(x_0, f(x_0))$ 处有切线，则其斜率为函数 $y = f(x)$ 在 x_0 点的导数 $f'(x_0)$. 因而，导数的几何意义为曲线 $y = f(x)$ 在点 $(x_0, f(x_0))$ 处的切线斜率，即 $k = f'(x_0) = \lim_{\Delta x \to 0} \dfrac{\Delta y}{\Delta x}$.

当 $f'(x_0)$ 存在时，曲线 $y = f(x)$ 在点 (x_0, y_0) 处的切线方程为

$$y - y_0 = f'(x_0)(x - x_0).$$

当 $\lim\limits_{\Delta x \to 0} \dfrac{\Delta y}{\Delta x} = \infty$ 时，函数 $y = f(x)$ 在 x_0 点不可导，但是曲线在点 (x_0, y_0) 处仍然有竖直切线.

过切点 (x_0, y_0) 且与切线垂直的直线叫作曲线 $y = f(x)$ 在点 (x_0, y_0) 处的法线，于是对应于切线的法线方程为

$$y - y_0 = -\frac{1}{f'(x_0)}(x - x_0)$$

例 10 求曲线 $y = \sqrt{x}$ 在点 $(4, 2)$ 处的切线及法线方程.

解 $y' = \dfrac{1}{2\sqrt{x}}$，根据导数的几何意义，在点 $(4, 2)$ 处的切线斜率为 $f'(4) = \dfrac{1}{4}$，

法线斜率为 $-\dfrac{1}{f'(4)} = -4$，故切线方程为

$$y - 2 = \frac{1}{4}(x - 4)，\quad 即 \quad x - 4y + 4 = 0，$$

法线方程为

$$y - 2 = -4(x - 4)，\quad 即 \quad 4x + y - 18 = 0.$$

例 11 求与直线 $x + 27y - 1 = 0$ 垂直的曲线 $y = x^3$ 的切线方程.

解 设切点为 (x_0, y_0)，曲线在点 (x_0, y_0) 处的切线斜率为 k_1，直线的斜率为 k_2，则

$$k_1 = y'\big|_{x=x_0} = 3x_0^2，\quad k_2 = -\frac{1}{27}，$$

而 $k_1 \cdot k_2 = -1$，得 $x_0 = \pm 3$，所以切点为 $(3, 27)$ 或 $(-3, -27)$，切线方程为

$$y - 27 = 27(x - 3)，\quad 即 \quad 27x - y - 54 = 0，$$

与

$$y + 27 = 27(x + 3)，\quad 即 \quad 27x - y + 54 = 0.$$

习题 2-1

1. 用定义求下列函数的导数：

（1）$y = \dfrac{1}{x}$；　　　　（2）$y = \cos x$；　　　　（3）$y = \mathrm{e}^{-x}$；　　　　（4）$y = ax + b$.

2. 已知 $f(x) = \begin{cases} \mathrm{e}^x, & x \geqslant 0, \\ \cos x, & x < 0 \end{cases}$ 在 $x = 0$ 处连续，试讨论在 $x = 0$ 处的可导性.

3. 讨论函数 $y = \begin{cases} x^2 \sin \dfrac{1}{x}, & x \neq 0, \\ 0, & x = 0 \end{cases}$ 在 $x = 0$ 处的连续性与可导性.

4. 已知 $f'(x_0) = k$，利用导数的定义求下列极限：

（1） $\lim\limits_{\Delta x \to 0} \dfrac{f(x_0 - \Delta x) - f(x_0)}{\Delta x}$;

（2） $\lim\limits_{h \to 0} \dfrac{f(x_0 + h) - f(x_0 - h)}{h}$;

（3） $\lim\limits_{\Delta x \to 0} \dfrac{f(x_0 + \Delta x) - f(x_0 - 2\Delta x)}{\Delta x}$.

5. 求下列函数的导数：

（1） $y = x^5$;   （2） $y = \sqrt{x\sqrt{x}}$;   （3） $y = 2^x \mathrm{e}^x$;   （4） $y = \lg x$.

6. 设 $f(x) = \begin{cases} \sin x, & x \leqslant 0, \\ x, & x > 0, \end{cases}$ 试求 $f'(0)$ 以及 $f'(x)$.

7. 求曲线 $y = \mathrm{e}^x$ 在点 $(0,1)$ 处的切线方程和法线方程.

8. 求曲线 $y = \ln x$ 的平行于直线 $y = 2x$ 的切线方程.

9. 设函数 $f(x) = \begin{cases} x^2, & x \leqslant 1, \\ ax + b, & x > 1, \end{cases}$ 为了使 $f(x)$ 在 $x = 1$ 处连续且可导，a, b 应取

什么值？

第2节　导数的基本运算法则

本节将介绍导数的基本运算法则，并给出基本初等函数的求导公式表. 借助于这些法则和公式，可以方便地解决常用初等函数的导数的计算问题.

一、导数的四则运算法则

定理 1　设函数 $u = u(x)$，$v = v(x)$ 是可导函数，则

（1）线性法则：$(\alpha u + \beta v)' = \alpha u' + \beta v'$，其中 α, β 为常数；

（2）积法则：$(u \cdot v)' = u'v + uv'$;

（3）商法则：$\left(\dfrac{u}{v}\right)' = \dfrac{u'v - uv'}{v^2}$ $(v \neq 0)$.

证　（1） $(\alpha u + \beta v)' = \lim\limits_{h \to 0} \dfrac{[\alpha u(x+h) + \beta v(x+h)] - [\alpha u(x) + \beta v(x)]}{h}$

$= \lim\limits_{h \to 0}\left[\alpha \dfrac{u(x+h) - u(x)}{h} + \beta \dfrac{v(x+h) - v(x)}{h}\right]$

$$= \alpha \lim_{h \to 0} \frac{u(x+h) - u(x)}{h} + \beta \lim_{h \to 0} \frac{v(x+h) - v(x)}{h}$$

$$= \alpha u' + \beta v'.$$

（2） $(u \cdot v)' = \lim_{h \to 0} \dfrac{u(x+h)v(x+h) - u(x)v(x)}{h}$

$$= \lim_{h \to 0} \left[\frac{u(x+h)v(x+h) - u(x)v(x+h)}{h} + \frac{u(x)v(x+h) - u(x)v(x)}{h} \right]$$

$$= \lim_{h \to 0} \left[\frac{u(x+h) - u(x)}{h} v(x+h) + u(x) \frac{v(x+h) - v(x)}{h} \right]$$

$$= \lim_{h \to 0} \frac{u(x+h) - u(x)}{h} \cdot \lim_{h \to 0} v(x+h) + u(x) \cdot \lim_{h \to 0} \frac{v(x+h) - v(x)}{h}$$

$$= u'v + uv'.$$

（3） $\left(\dfrac{u}{v} \right)' = \lim_{h \to 0} \dfrac{\dfrac{u(x+h)}{v(x+h)} - \dfrac{u(x)}{v(x)}}{h}$

$$= \lim_{h \to 0} \frac{u(x+h)v(x) - u(x)v(x+h)}{v(x+h)v(x)h}$$

$$= \lim_{h \to 0} \frac{[u(x+h) - u(x)]v(x) - u(x)[v(x+h) - v(x)]}{v(x+h)v(x)h}$$

$$= \lim_{h \to 0} \frac{\dfrac{u(x+h) - u(x)}{h} v(x) - u(x) \dfrac{v(x+h) - v(x)}{h}}{v(x+h)v(x)}$$

$$= \frac{u'v - uv'}{v^2}.$$

注 （1）不难推出，若 c 是常数，则 $\left(cu \right)' = cu'$；

（2）线性法则和积法则可以推广到有限个函数的情况，如

$$\left(\sum_{i=1}^{n} \alpha_i u_i \right)' = \alpha_i \sum_{i=1}^{n} u_i',$$

$$(uvw)' = u'vw + uv'w + uvw'.$$

利用法则和已有的导数公式，就可以进行简单的求导运算.

例 1　求 $y = 5x^2 - 3^x + 3\mathrm{e}^x$ 的导数.

解　$y' = (5x^2 - 3^x + 3\mathrm{e}^x)' = (5x^2)' - (3^x)' + (3\mathrm{e}^x)' = 10x - 3^x \ln 3 + 3\mathrm{e}^x.$

例 2　求 $y = \mathrm{e}^x \cos x$ 的导数.

解　$y' = (\mathrm{e}^x \cos x)' = (\mathrm{e}^x)' \cos x + \mathrm{e}^x (\cos x)' = \mathrm{e}^x \cos x - \mathrm{e}^x \sin x = \mathrm{e}^x (\cos x - \sin x).$

例 3　求 $y = \tan x$ 的导数.

解 $(\tan x)' = \left(\dfrac{\sin x}{\cos x}\right)' = \dfrac{(\sin x)'\cos x - \sin x(\cos x)'}{\cos^2 x}$

$$= \dfrac{\cos^2 x + \sin^2 x}{\cos^2 x} = \dfrac{1}{\cos^2 x} = \sec^2 x .$$

同理可得 $(\cot x)' = -\csc^2 x.$

例 4 求 $y = \sec x$ 的导数.

解 $(\sec x)' = \left(\dfrac{1}{\cos x}\right)' = \dfrac{-(\cos x)'}{\cos^2 x} = \dfrac{\sin x}{\cos^2 x} = \sec x \tan x .$

同理可得 $(\csc x)' = -\csc x \cot x.$

例 5 设 $f(x) = (\sqrt{x}\tan x)$，求 $f'(x)$.

解 $f'(x) = (\sqrt{x}\tan x)' = (\sqrt{x})'\tan x + \sqrt{x}(\tan x)' = \dfrac{\tan x}{2\sqrt{x}} + \sqrt{x}\sec^2 x .$

二、复合函数的求导法则

定理 2（链式法则） 如果函数 $u = g(x)$ 在点 x 处可导，函数 $y = f(u)$ 在相应的点 $u = g(x)$ 处可导，则复合函数 $y = f[g(x)]$ 在点 x 处可导，且其导函数为

$$\frac{dy}{dx} = \frac{dy}{du} \cdot \frac{du}{dx} \quad 或 \quad \frac{dy}{dx} = f'(u) \cdot g'(x) .$$

证 因为 $u = g(x)$ 可导，则对于 $\Delta x \neq 0$，有函数的改变量 Δu，且有

$\lim\limits_{\Delta u \to 0} \dfrac{\Delta u}{\Delta x} = g'(x)$；

如果 $\Delta u \neq 0$，对于函数 $y = f(u)$ 有相应的改变量 Δy，由于函数 $y = f(u)$ 在 u 点可导，则 $\lim\limits_{\Delta u \to 0} \dfrac{\Delta y}{\Delta u} = f'(u)$；由函数极限与无穷小的关系，有

$$\frac{\Delta y}{\Delta u} = f'(u) + \alpha \,(\alpha \to 0，\ \Delta u \to 0)，$$

所以 $\Delta y = f'(u)\Delta u + \alpha \Delta u$，则 $\dfrac{\Delta y}{\Delta x} = f'(u)\dfrac{\Delta u}{\Delta x} + \alpha\dfrac{\Delta u}{\Delta x}$，于是

$$\frac{dy}{dx} = \lim_{\Delta x \to 0} \frac{\Delta y}{\Delta x} = \lim_{\Delta x \to 0}\left[f'(u)\frac{\Delta u}{\Delta x} + \alpha \cdot \frac{\Delta u}{\Delta x} \right]$$

$$= f'(u) \cdot g'(x) .$$

注 （1）如果 $\Delta u = 0$，规定 $\alpha = 0$，则 $\Delta y = 0$，$\Delta y = f'(u)\Delta u + \alpha \Delta u$ 仍成立；

（2）$\dfrac{dy}{dx} = f'(u) \cdot g'(x)$ 中，$\dfrac{dy}{dx}$ 表示复合函数 $y = f[\varphi(x)]$ 对其自变量 x 求导数；

（3）$\{f[\varphi(x)]\}'$ 表示复合函数对自变量 x 求导，而 $f'[\varphi(x)] = f'(u)$ 则表示函数 $y - f(u)$ 对中间变量 u 求导；

（4）定理的结论可以推广到有限个函数构成的复合函数，即如果可导函数 $y = f(u)$，$u = g(v)$，$v = h(x)$ 构成复合函数 $y = f\{g[h(x)]\}$，则

$$\frac{\mathrm{d}y}{\mathrm{d}x} = \frac{\mathrm{d}y}{\mathrm{d}u} \cdot \frac{\mathrm{d}u}{\mathrm{d}v} \cdot \frac{\mathrm{d}v}{\mathrm{d}x} = f'(u) \cdot g'(v) \cdot h'(x).$$

例 6 求复合函数 $y = \sin x^2$ 的导数.

解 记 $y = \sin u$，$u = x^2$，则

$$\frac{\mathrm{d}y}{\mathrm{d}x} = \frac{\mathrm{d}y}{\mathrm{d}u} \cdot \frac{\mathrm{d}u}{\mathrm{d}x} = (\sin u)' \cdot (x^2)' = \cos u \cdot 2x = 2x \cos x^2.$$

也可以写作：$(\sin x^2)' = (\sin u)' \cdot (x^2)' = \cos u \cdot 2x = 2x \cos x^2.$

例 7 $y = \ln \cos x$，求 $\dfrac{\mathrm{d}y}{\mathrm{d}x}$.

解 $\dfrac{\mathrm{d}y}{\mathrm{d}x} = (\ln \cos x)' = \dfrac{1}{\cos x}(\cos x)' = \dfrac{-\sin x}{\cos x} = -\tan x.$

例 8 $y = \sqrt{a^2 - x^2}$，求 $\dfrac{\mathrm{d}y}{\mathrm{d}x}$.

解 $y' = \dfrac{(a^2 - x^2)'}{2\sqrt{a^2 - x^2}} = \dfrac{1}{2\sqrt{a^2 - x^2}} \cdot (-2x) = -\dfrac{x}{\sqrt{a^2 - x^2}}.$

例 9 求函数 $y = \sqrt{\tan \sqrt{x}}$ 的导数.

解
$$y' = \frac{1}{2\sqrt{\tan \sqrt{x}}} \cdot (\tan \sqrt{x})' = \frac{1}{2\sqrt{\tan \sqrt{x}}} \cdot \sec^2 \sqrt{x} \cdot (\sqrt{x})'$$

$$= \frac{1}{2\sqrt{\tan \sqrt{x}}} \cdot \sec^2 \sqrt{x} \cdot \frac{1}{2\sqrt{x}} = \frac{\sec^2 \sqrt{x}}{4\sqrt{x}\sqrt{\tan \sqrt{x}}}.$$

三、反函数的求导法则

定理 3 如果函数 $x = \varphi(y)$ 在区间 I_y 内单调、可导且 $\varphi'(y) \neq 0$，则它的反函数 $y = f(x)$ 在对应的区间 $I_x = \{x \mid x = \varphi(y), y \in I_y\}$ 内也可导，且

$$f'(x) = \frac{1}{\varphi'(y)} \quad \text{或} \quad \frac{\mathrm{d}y}{\mathrm{d}x} = \frac{1}{\dfrac{\mathrm{d}x}{\mathrm{d}y}}.$$

证　因为 $x = \varphi(y)$ 在 I_y 内单调、可导（从而连续），从而 $x = \varphi(y)$ 的反函数 $y = f(x)$ 存在，且在 I_x 内单调、连续.

$\forall x \in I_x$，给 x 以增量 Δx （$\Delta x \neq 0, x + \Delta x \in I_x$），由函数 $y = f(x)$ 的单调性知

$$\Delta y = f(x + \Delta x) - f(x) \neq 0，$$

所以

$$\frac{\Delta y}{\Delta x} = \frac{1}{\dfrac{\Delta x}{\Delta y}}.$$

因 $y = f(x)$ 连续，故 $\lim\limits_{\Delta x \to 0} \Delta y = 0$，从而

$$f'(x) = \lim_{\Delta x \to 0} \frac{\Delta y}{\Delta x} = \lim_{\Delta y \to 0} \frac{1}{\dfrac{\Delta x}{\Delta y}} = \frac{1}{\varphi'(y)}.$$

上述结论可简单地说成：反函数的导数等于直接函数的导数的倒数.

例 10　求函数 $y = \arcsin x$ 的导数.

解　设 $x = \sin y$ 为直接函数，则 $y = \arcsin x$ 是它的反函数. 函数 $x = \sin y$ 在开区间 $I_y = \left(-\dfrac{\pi}{2}, \dfrac{\pi}{2}\right)$ 内单调、可导，且

$(\sin y)' = \cos y > 0$，因此，由公式 $\dfrac{\mathrm{d}x}{\mathrm{d}y} = \dfrac{1}{\dfrac{\mathrm{d}y}{\mathrm{d}x}}$，在对应区间 $I_x = (-1,1)$ 内有

$$(\arcsin x)' = \frac{1}{(\sin y)'} = \frac{1}{\cos y}，$$

而 $\cos y = \sqrt{1 - \sin^2 y} = \sqrt{1 - x^2}$（　因为当 $-\dfrac{\pi}{2} < y < \dfrac{\pi}{2}$ 时，$\cos y > 0$，所以根号前只取正号），从而得反正弦函数的导数公式：

$$(\arcsin x)' = \frac{1}{\sqrt{1 - x^2}}.$$

用类似的方法可得反余弦函数的导数公式：

$$(\arccos x)' = -\frac{1}{\sqrt{1 - x^2}}.$$

例 11　求 $y = \arctan x$ 的导数.

解　设 $x = \tan y$ 为直接函数，则 $y = \arctan x$ 是它的反函数. 函数 $x = \tan y$ 在开区间 $I_y = \left(-\dfrac{\pi}{2}, \dfrac{\pi}{2}\right)$ 内单调、可导，且

$(\tan y)' = \sec^2 y > 0$ ，因此，由公式 $\dfrac{\mathrm{d}x}{\mathrm{d}y} = \dfrac{1}{\dfrac{\mathrm{d}y}{\mathrm{d}x}}$ ，在对应区间 $I_x = (-\infty, +\infty)$ 内有

$$(\arctan x)' = \frac{1}{(\tan y)'} = \frac{1}{\sec^2 y} ,$$

而 $\sec^2 y = 1 + \tan^2 y = 1 + x^2$ ，从而得反正切函数的导数公式：

$$(\arctan x)' = \frac{1}{1 + x^2} .$$

用类似的方法可得反余切函数的导数公式：

$$(\operatorname{arc cot} x)' = -\frac{1}{1 + x^2} .$$

至此，所有基本初等函数的导数公式已全部推出.

四、导数表（常数和基本初等函数的导数公式）

我们把前面得到的基本初等函数的导数总结如下：

（1） $(C)' = 0$ ，

（2） $(x^u)' = ux^{u-1}$ ，

（3） $(a^x)' = a^x \ln a$ ，

（4） $(\mathrm{e}^x)' = \mathrm{e}^x$ ，

（5） $(\log_a x)' = \dfrac{1}{x \ln a}$ ，

（6） $(\ln x)' = \dfrac{1}{x}$ ，

（7） $(\sin x)' = \cos x$ ，

（8） $(\cos x)' = -\sin x$ ，

（9） $(\tan x)' = \sec^2 x$ ，

（10） $(\cot x)' = -\csc^2 x$ ，

（11） $(\sec x)' = \sec x \tan x$ ，

（12） $(\csc x)' = -\csc x \cot x$ ，

（13） $(\arcsin x)' = \dfrac{1}{\sqrt{1 - x^2}}$ ，

（14） $(\arccos x)' = -\dfrac{1}{\sqrt{1 - x^2}}$ ，

（15） $(\arctan x)' = \dfrac{1}{1 + x^2}$ ，

（16） $(\operatorname{arc\,cot} x)' = -\dfrac{1}{1+x^2}$.

我们知道，由常数和基本初等函数经过有限次四则运算和有限次复合，所得到的能用一个解析式表示的函数称为初等函数. 那么有了上面这些求导公式，再加上本节关于导数的四则运算法则和复合函数的求导法则，我们就掌握了求解这些初等函数的导数的方法.

例 12　分别求函数 $y = \mathrm{e}^{\sin f(2x)}$，$y = f[\tan g(\sqrt{x})]$，$y = f(\mathrm{e}^x) \cdot \mathrm{e}^{f(x)}$ 的导数，其中 f、g 均可导.

解
$$y' = \mathrm{e}^{\sin f(2x)} \cdot \cos f(2x) \cdot f'(2x) \cdot 2;$$

$$y' = f'[\tan g(\sqrt{x})] \cdot \sec^2 g(\sqrt{x}) \cdot g'(\sqrt{x}) \cdot \frac{1}{2\sqrt{x}};$$

$$y' = \left[f(\mathrm{e}^x) \right]' \cdot \mathrm{e}^{f(x)} + f(\mathrm{e}^x) \left[\mathrm{e}^{f(x)} \right]' = f'(\mathrm{e}^x) \cdot \mathrm{e}^x \cdot \mathrm{e}^{f(x)} + f(\mathrm{e}^x) \cdot \mathrm{e}^{f(x)} \cdot f'(x).$$

注　对于以上函数，特别应注意导数符号的正确表示. 如 $y = f[\tan g(\sqrt{x})]$，则

$$y' = \{f[\tan g(\sqrt{x})]\}' = f'[\tan g(\sqrt{x})] \cdot \sec^2 g(\sqrt{x}) \cdot g'(\sqrt{x}) \cdot \frac{1}{2\sqrt{x}}.$$

例 13　求函数 $y = x^x$ 的导数.

解　由 $[f(x)]^{\varphi(x)} = \mathrm{e}^{\varphi(x)\ln f(x)}$，可知 $y = x^x = \mathrm{e}^{x\ln x}$，则
$$y' = (x^x)' = (\mathrm{e}^{x\ln x})' = \mathrm{e}^{x\ln x} \cdot (x\ln x)' = \mathrm{e}^{x\ln x} \cdot (\ln x + 1) = x^x \cdot (\ln x + 1).$$

习题 2-2

1．计算下列函数的导数：

（1） $y = 3x + 2\sqrt{x}$ ；

（2） $y = 3^x + 2\mathrm{e}^x + \ln 2$ ；

（3） $y = \sin x \cdot \cos x$ ；

（4） $y = \sqrt{x}\ln x$ ；

（5） $y = \dfrac{\ln x}{x}$ ；

（6） $y = (x-1)(x-2)(x-3)$.

2．计算下列函数在给定点处的导数：

（1） $y = \dfrac{3}{3-x} + \dfrac{x^3}{3}$ ，求 $y'(0)$ ；

（2） $y = \mathrm{e}^x(x^2 - 2x + 1)$ ，求 $y'(0)$.

3．求曲线 $y = x - \dfrac{1}{x}$ 与 x 轴交点处的切线方程.

4．求下列函数的导数：

（1）$y = e^{-3x^4}$；

（2）$y = \arctan(e^x)$；

（3）$y = \arcsin\dfrac{1}{x}$；

（4）$y = \ln(\sec x + \tan x)$；

（5）$y = \ln\dfrac{1-\sqrt{x}}{1+\sqrt{x}}$；

（6）$y = \ln\cot\dfrac{x}{2}$；

（7）$y = x\sqrt{1-x^2} + \arcsin x$；

（8）$y = \ln(x + \sqrt{1+x^2})$；

（9）$y = \ln\sqrt{\dfrac{e^{3x}}{e^{3x}+1}}$；

（10）$y = e^{-\sin^2\frac{1}{x}}$．

5．已知 $f(u)$ 可导，求下列函数的导数 $\dfrac{dy}{dx}$：

（1）$y = f(x^3)$；

（2）$y = f(\tan x) + \tan[f(x)]$．

6．设 $f(1-x) = xe^{-x}$，且 $f(x)$ 可导，求 $f'(x)$．

第 3 节　高 阶 导 数

若函数 $y = f(x)$ 在区间 I 上可导，则 $f'(x)$ 是区间 I 上的一个函数．因此，对 $f'(x)$ 同样可以讨论其求导问题，这就是本节要讨论的高阶导数问题．

一、高阶导数的概念

定义　设函数 $y = f(x)$ 在点 x 的某邻域内的导数 $f'(x)$ 存在，如果极限

$$\lim_{\Delta x \to 0}\frac{f'(x+\Delta x) - f'(x)}{\Delta x}$$

存在，则称函数 $y = f(x)$ 在点 x 处二阶可导，并称此极限值为 $y = f(x)$ 在点 x 处的二阶导数，记为

$$f''(x) \quad \text{或} \quad y'', \quad \frac{d^2y}{dx^2} = \frac{d}{dx}\left(\frac{dy}{dx}\right), \quad \frac{d^2f(x)}{dx^2};$$

类似地，二阶导数 $f''(x)$ 的导数称为三阶导数，

$$\frac{\mathrm{d}^3 y}{\mathrm{d}x^3} = \frac{\mathrm{d}}{\mathrm{d}x}\left(\frac{\mathrm{d}^2 y}{\mathrm{d}x^2}\right) = \lim_{\Delta x \to 0} \frac{f''(x+\Delta x)-f''(x)}{\Delta x},$$

记为

$$f'''(x) \quad 或 \quad y''', \quad \frac{\mathrm{d}^3 y}{\mathrm{d}x^3}, \quad \frac{\mathrm{d}^3 f(x)}{\mathrm{d}x^3};$$

一般利用函数 $y = f(x)$ 的 $n-1$ 阶导数 $\dfrac{\mathrm{d}^{n-1} y}{\mathrm{d}x^{n-1}}$，可以定义出 n 阶导数

$$\frac{\mathrm{d}^n y}{\mathrm{d}x^n} = \lim_{\Delta x \to 0} \frac{f^{(n-1)}(x+\Delta x)-f^{(n-1)}(x)}{\Delta x},$$

记为

$$f^{(n)}(x) \quad 或 \quad y^{(n)}, \quad \frac{\mathrm{d}^n y}{\mathrm{d}x^n}, \quad \frac{\mathrm{d}^n f(x)}{\mathrm{d}x^n}.$$

注 函数的二阶及二阶以上的导数统称为高阶导数. 相应地，$y = f(x)$ 称为零阶导数；$f'(x)$ 称为一阶导数.

前面讲过，在变速直线运动中，瞬时速度 $v(t)$ 是路程函数 $s(t)$ 对时间变量 t 的一阶导数，即

$$v(t) = s'(t),$$

而加速度 $a(t)$ 是速度 $v(t)$ 对时间 t 的变化率，即 $a(t)$ 是速度 $v(t)$ 对时间 t 的导数.

$$a(t) = v'(t) = (s'(t))',$$

因此，加速度 $a(t)$ 是 $s(t)$ 的导函数的导数，也就是 $s(t)$ 的二阶导数，即

$$a(t) = s''(t) = \frac{\mathrm{d}^2 s}{\mathrm{d}t^2}.$$

二、高阶导数的计算

由高阶导数的定义可知，$f^{(n)}(x)$ 的计算不需要新的求导公式. 当 n 不太大时，通常采取"逐次求导法"进行计算，即对函数 $f(x)$ 逐次求出导数 $f'(x), f''(x), \cdots$. 而如果要求任意阶导数，或者当 n 比较大时，多采取从低阶导数找规律的办法求解.

例 1 求函数 $y = \ln(x + \sqrt{1+x^2})$ 的二阶导数.

解 $y' = \dfrac{1}{x+\sqrt{1+x^2}} \cdot \left(1 + \dfrac{2x}{2\sqrt{1+x^2}}\right) = \dfrac{1}{\sqrt{1+x^2}},$

$$y'' = (y')' = \left(\frac{1}{\sqrt{1+x^2}}\right)' = -\frac{1}{2}(1+x^2)^{-\frac{3}{2}} \cdot 2x = -\frac{x}{(1+x^2)^{\frac{3}{2}}}.$$

例 2　已知函数 $f(x) = \dfrac{1}{x^2+1}$，求 $f''(1)$.

解　$f'(x) = \dfrac{-(x^2+1)'}{(x^2+1)^2} = -\dfrac{2x}{(x^2+1)^2}$，

$$f''(x) = -\frac{(2x)'(x^2+1)^2 - 2x \cdot [(x^2+1)^2]'}{(x^2+1)^4}$$

$$= -\frac{2(x^2+1) - 2x \cdot 2(x^2+1)^2 \cdot 2x}{(x^2+1)^4} = \frac{6x^2-2}{(x^2+1)^3},$$

$$f''(1) = \frac{1}{2}.$$

例 3　设 f 二阶可导，求函数 $y = f(\tan x) + \tan f(x)$ 的二阶导数.

解　$y' = \sec^2 x \cdot f'(\tan x) + \sec^2[f(x)] \cdot f'(x)$，

$y'' = 2\sec^2 x \tan x f'(\tan x) + \sec^4 x f''(\tan x) + 2\sec[f(x)] \cdot [f'(x)]^2 + \sec^2[f(x)] \cdot f''(x)$.

例 4　$y = x^\mu$，μ 为任意常数，求任意阶导数 $y^{(n)}$.

解　$y' = \mu x^{\mu-1}, y'' = \mu(\mu-1)x^{\mu-2}$，$y''' = \mu(\mu-1)(\mu-2)x^{\mu-3}$，$\cdots$，

$$y^{(n)} = \mu(\mu-1)(\mu-2) \cdot \cdots \cdot (\mu-n+1)x^{\mu-n}.$$

特别地，若 $\mu = k$ 为正整数，则

（1）$n < k$ 时，$(x^k)^{(n)} = k(k-1)(k-2) \cdot \cdots \cdot (k-n+1)x^{k-n}$；

（2）$n = k$ 时，$(x^k)^{(n)} = k! = n!$；

（3）$n > k$ 时，$(x^k)^{(n)} = 0$.

例 5　$y = x^2(3x^5 - 2x^4 - 3x + 1)^5$，求 $y^{(27)}$，$y^{(28)}$.

解　$y = 3^5 x^{27} + \cdots$，则

$$y^{(27)} = 3^5 \cdot (27)!，\quad y^{(28)} = 0.$$

例 6　$y = x(x+1)(x+2) \cdot \cdots \cdot (x+n)$，求任意阶导数 $y^{(n)}$.

解　$y = x^{n+1} + (1+2+\cdots+n)x^n + \cdots = x^{n+1} + \dfrac{n(n+1)}{2}x^n + \cdots$，则

$$y^{(n)} = (n+1)!x + \frac{n(n+1)}{2}n! = (n+1)!\left(x + \frac{n}{2}\right).$$

例 7　$y = \ln(1+x)$，求任意阶导数 $y^{(n)}$.

解　$y' = \dfrac{1}{1+x}$，$y'' = -\dfrac{1}{(1+x)^2}$，$y''' = \dfrac{1 \cdot 2}{(1+x)^3}$，$y^{(4)} = -\dfrac{1 \cdot 2 \cdot 3}{(1+x)^4}$，$\cdots$，

$$y^{(n)} = (-1)^{n-1} \frac{(n-1)!}{(1+x)^n}.$$

类似地，有 $\left(\dfrac{1}{a+x}\right)^{(n)} = \dfrac{(-1)^n n!}{(a+x)^{n+1}}$.

注 计算任意阶导数时，在求出低阶导数后，不要急于合并，先分析结果的规律性，写出 n 阶导数（对于最后的结论，还要用数学归纳法予以证明）.

例 8 $y = \sin x$，求任意阶导数 $y^{(n)}$.

解 $y' = \cos x = \sin\left(x + \dfrac{\pi}{2}\right)$,

$$y'' = -\sin x = \sin(x+\pi) = \sin\left(x + 2 \cdot \dfrac{\pi}{2}\right),$$

$$y''' = -\cos x = -\sin\left(x + \dfrac{\pi}{2}\right) = \sin\left(x + \dfrac{\pi}{2} + \pi\right) = \sin\left(x + 3 \cdot \dfrac{\pi}{2}\right),$$

$$y^{(4)} = \sin x = \sin(x + 2\pi) = \sin\left(x + 4 \cdot \dfrac{\pi}{2}\right), \ \cdots,$$

$$y^{(n)} = \sin\left(x + n \cdot \dfrac{\pi}{2}\right), \ \text{即 } (\sin x)^{(n)} = \sin\left(x + \dfrac{n\pi}{2}\right).$$

类似地，$(\sin ax)^{(n)} = a^n \sin\left(ax + \dfrac{n\pi}{2}\right)$.

用同样的方法可求得

$$(\cos x)^{(n)} = \cos\left(x + n \cdot \dfrac{\pi}{2}\right),$$

$$(\cos ax)^{(n)} = a^n \cos\left(ax + \dfrac{n\pi}{2}\right).$$

求函数的高阶导数时，除了可以直接按照定义逐阶求导（直接法）外，还可以利用已知的高阶导数公式，通过导数的四则运算等方法，求出指定的高阶导数（间接法）.

由导数的运算法则易知，高阶导数有如下运算法则：

（1） $[u(x) \pm v(x)]^{(n)} = u^{(n)}(x) \pm v^{(n)}(x)$；

（2） $[Cu(x)]^{(n)} = Cu^{(n)}(x)$；

（3） $[u(ax+b)]^{(n)} = a^n u^{(n)}(ax+b)$.

常用的高阶导数公式：

（1） $(a^x)^{(n)} = a^x \cdot \ln^n a \quad (a > 0, a \neq 1)$，特别地，$(\mathrm{e}^x)^{(n)} = \mathrm{e}^x$；

（2） $(\sin ax)^{(n)} = a^n \sin\left(ax + \dfrac{n\pi}{2}\right)$；

（3）$(\cos ax)^{(n)} = a^n \cos\left(ax + \dfrac{n\pi}{2}\right)$；

（4）$(x^{\mu})^{(n)} = \mu(\mu-1)\cdots(\mu-n+1)x^{\mu-n}$；

（5）$(\ln x)^{(n)} = (-1)^{n-1}\dfrac{(n-1)!}{x^n}$；

（6）$\left(\dfrac{1}{x}\right)^{(n)} = (-1)^n\dfrac{n!}{x^{n+1}}$．

例9　$y = \sin 3x \cdot \cos 2x$，求 $y^{(20)}$．

解　利用三角函数的积化和差公式，首先将函数变形为

$$y = \sin 3x \cdot \cos 2x = \frac{1}{2}(\sin 5x + \sin x)，\text{则}$$

$$y^{(20)} = \frac{1}{2}(\sin 5x + \sin x)^{(20)} = \frac{1}{2}\left[(\sin 5x)^{(20)} + (\sin x)^{(20)}\right]$$

$$= \frac{1}{2}\left[5^{20}\sin\left(5x + 20\cdot\frac{\pi}{2}\right) + \sin\left(x + 20\cdot\frac{\pi}{2}\right)\right]$$

$$= \frac{1}{2}(5^{20}\sin 5x + \sin x)．$$

例10　$y = x\ln x$，求 $y^{(n)}(n \geqslant 2)$．

解　$y' = \ln x + 1$，

$$y^{(n)} = (\ln x + 1)^{(n-1)} = (\ln x)^{(n-1)} = (-1)^n\frac{(n-2)!}{x^{n-1}}．$$

例11　$y = \dfrac{1}{x^2 - 3x + 2}$，求 $y^{(n)}$．

解　$y = \dfrac{1}{x^2 - 3x + 2} = \dfrac{1}{x-2} - \dfrac{1}{x-1}$，

$$y^{(n)} = \left(\frac{1}{x-2}\right)^{(n)} - \left(\frac{1}{x-1}\right)^{(n)} = (-1)^n\frac{n!}{(x-2)^{n+1}} - (-1)^n\frac{n!}{(x-1)^{n+1}}．$$

习题 2-3

1．求下列函数的二阶导数：

（1）$y = x^5 + 4x^3 + \cos x$；

（2）$y = x\sin 2x$；

（3）$y = xe^{x^2}$；

（4）$y = \sqrt{1-x^2}$；

（5）$y = \ln(1-x^2)$；

（6）$y = \tan x$．

2．验证函数 $y = C_1 e^{\lambda x} + C_2 e^{-\lambda x}$（$\lambda, C_1, C_2$ 是常数）满足下列方程：

$$y'' - \lambda^2 y = 0.$$

3．若 $f''(x)$ 存在，求下列函数的二阶导数 $\dfrac{d^2 y}{dx^2}$：

（1）$y = f(x^3)$；

（2）$y = \ln[f(x)]$．

4．求下列函数所指定阶的导数：

（1）$y = \dfrac{1}{x^2 - 1}$，求 $y^{(5)}$；

（2）$y = \sin^6 x + \cos^6 x$，求 $y^{(n)}$．

5．试根据 $\dfrac{dx}{dy} = \dfrac{1}{y'}$ 导出：

（1）$\dfrac{d^2 x}{dy^2} = -\dfrac{y''}{(y')^3}$；

（2）$\dfrac{d^3 x}{dy^3} = \dfrac{3(y')^2 - y'y'''}{(y')^5}$．

第 4 节　隐函数与参变量函数的求导法则

函数 $y = f(x)$ 表示两个变量 y 与 x 之间的对应关系，这种对应关系可以用各种不同方式表达．前面我们所讨论的函数，例如 $y = \sin x$，$y = \ln x + \sqrt{1-x^2}$ 等，这种函数表达方式的特点是：等号左端是因变量的符号，而右端是含有自变量的式子，当自变量取定义域内任一值时，由这个式子就能确定对应的函数值．用这种方式表达的函数叫作显函数．有些函数的表达方式却不是这样，例如，方程 $x^2 + y^2 - 1 = 0$ 表示一个函数，因为当变量 x 在定义域内取值时，变量 y 有确定的值与之对应．此外，函数 $y = f(x)$ 还可以由参数方程所确定．本节就将讨论这类函数的求导方法．

一、隐函数的求导法则

定义　如果变量 x 和 y 满足一个方程 $F(x, y) = 0$，在一定条件下，当 x 取某个区间 I 内的任一值时，相应地总有满足这个方程的唯一的 y 值存在，那么就说方程

$F(x,y)=0$ 在该区间内确定了一个隐函数.

不是任一方程都能确定出隐函数，比如 $x^2+y^2+1=0$，不可能找到 $y=f(x)$，使得 $x^2+[f(x)]^2+1=0$；即使方程能确定一个隐函数，但未必能从方程中解出 y，如 $x-y+\dfrac{1}{2}\sin y=0$，我们可证明它确实能确定一个隐函数，但无法表示成 $y=f(x)$ 的形式.

若将由 $F(x,y)=0$ 确定的隐函数记为 $y=y(x)$，则在 I 上有

$$F(x,y(x))\equiv 0 .$$

如果只知道 $y=y(x)$ 的存在性，但无法解出 $y=y(x)$ 的解析表达式，那么可以在恒等式两边同时对自变量 x 求导，而视 y 为 x 的函数 $y=y(x)$，利用复合函数求导法则，就可以解出导数 $\dfrac{\mathrm{d}y}{\mathrm{d}x}$.

例 1 求由 $x^2+y\cos x-\sin(x-y)=0$ 所确定的函数 $y=y(x)$ 的导数.

解 方程两边同时对 x 求导，得

$$2x-y\sin x+y'\cos x-\cos(x-y)\cdot(1-y')=0 ,$$

整理得

$$[\cos x+\cos(x-y)]\cdot y'=\cos(x-y)+y\sin x-2x ,$$

解得

$$y'(x)=\frac{\cos(x-y)+y\sin x-2x}{\cos x+\cos(x-y)} .$$

例 2 已知函数 $y=y(x)$ 由方程 $\sin y=\ln(x+y)$ 所确定，求 $\dfrac{\mathrm{d}^2y}{\mathrm{d}x^2}$.

解 方程两边同时对 x 求导，得

$$\cos y\cdot y'=\frac{1}{x+y}(1+y') ,$$

解得

$$y'=\frac{1}{(x+y)\cos y-1} ,$$

因此

$$y''=-\frac{(1+y')\cos y+(x+y)(-\sin y)\cdot y'}{[(x+y)\cos y-1]^2}=-\frac{(x+y)\cos^2 y-(x+y)\sin y}{[(x+y)\cos y-1]^3} .$$

例 3 求曲线 $x-y+\dfrac{1}{2}\sin y=0$ 在点 $\left(\dfrac{\pi-1}{2},\dfrac{\pi}{2}\right)$ 处的切线方程.

解 方程两边同时对 x 求导，得

$$1 - y' + \frac{1}{2}\cos y \cdot y' = 0 ,$$

解得 $y' = \dfrac{2}{2 - \cos y}$ ，从而 $y'\Big|_{\left(\frac{\pi-1}{2}, \frac{\pi}{2}\right)} = 2$ ，于是，在点 $\left(\dfrac{\pi-1}{2}, \dfrac{\pi}{2}\right)$ 处的切线方程为

$$y - \frac{\pi}{2} = 2\left(x - \frac{\pi-1}{2}\right) , \quad \text{即 } 2x - y - \frac{\pi}{2} + 1 = 0 .$$

二、对数求导法

1. 幂指函数 $y = \big[u(x)\big]^{v(x)}$ 的导数

幂指函数 $y = \big[u(x)\big]^{v(x)}$ 是没有求导公式的，我们可以通过方程两边取对数把幂指函数化为隐函数方程，从而通过隐函数的求导法则求出 y'.

例 4 设 $(\sin y)^x = (\cos x)^y$ ，求 y'.

解 等式两边取对数，得 $x\ln\sin y = y\ln\cos x$ ，两边同时对 x 求导，得

$$\ln\sin y + x\cot y \cdot y' = y'\ln\cos x - y\tan x ,$$

解得

$$y' = \frac{\ln\sin y + y\tan x}{\ln\cos x - x\cot y} .$$

注 关于幂指函数的求导，除了取对数的方法之外，也可以采取化指数的办法. 例如 $x^x = \mathrm{e}^{x\ln x}$ ，这样就可以把幂指函数的求导转化为复合函数求导.

例 5 设由方程 $x^y - y^x = 1$ 确定函数 $y = y(x)$ ，求 $\dfrac{\mathrm{d}y}{\mathrm{d}x}$.

解 原方程可变为 $\mathrm{e}^{y\ln x} - \mathrm{e}^{x\ln y} = 1$ ，将方程两边同时对 x 求导，得

$$\mathrm{e}^{y\ln x}\left(y'\ln x + y\frac{1}{x}\right) - \mathrm{e}^{x\ln y}\left(\ln y + x\frac{1}{y}y'\right) = 0 ,$$

即

$$x^y\left(y'\ln x + y\frac{1}{x}\right) - y^x\left(\ln y + \frac{x}{y}y'\right) = 0 ,$$

解得

$$y' = \frac{y^x\ln y - yx^{y-1}}{x^y\ln x - xy^{x-1}} .$$

2. 积商型函数的导数

对于一些由若干个因式的积或商所构成的函数，可以利用对数函数求导的性质，使用对数求导法进行计算：

（1）$[\ln(uv)]' = (\ln u)' + (\ln v)'$；

（2）$\ln x^2 \neq 2\ln x$，但 $(\ln x^2)' = (2\ln x)'$，一般地，$(\ln x^\alpha)' = (\alpha \ln x)'$．

例 6 设 $y = \sqrt{\sin x \cdot x^3 \cdot \sqrt{1-x^2}}$，求 y'．

解 两边取对数，得 $\ln y = \dfrac{1}{2}\left[\ln\sin x + 3\ln x + \dfrac{1}{2}\ln(1-x^2)\right]$，两边同时对 x 求导，

得

$$\frac{1}{y}\cdot y' = \frac{1}{2}\left[\frac{\cos x}{\sin x} + \frac{3}{x} + \frac{1}{2}\left(\frac{-2x}{1-x^2}\right)\right] = \frac{1}{2}\left(\cot x + \frac{3}{x} - \frac{x}{1-x^2}\right),$$

$$y' = y\cdot\frac{1}{2}\left(\cot x + \frac{3}{x} - \frac{x}{1-x^2}\right) = \frac{1}{2}\sqrt{\sin x \cdot x^3 \cdot \sqrt{1-x^2}}\cdot\left(\cot x + \frac{3}{x} - \frac{x}{1-x^2}\right).$$

例 7 求函数 $y = \sqrt{\dfrac{(x-1)(x-2)}{(x-3)(x-4)}}$ 的导数．

解 先在两边取对数（假定 $x > 4$），得

$$\ln y = \frac{1}{2}\left[\ln(x-1) + \ln(x-2) - \ln(x-3) - \ln(x-4)\right],$$

两边同时对 x 求导，得

$$\frac{1}{y}y' = \frac{1}{2}\left(\frac{1}{x-1} + \frac{1}{x-2} - \frac{1}{x-3} - \frac{1}{x-4}\right),$$

于是

$$y' = \frac{y}{2}\left(\frac{1}{x-1} + \frac{1}{x-2} - \frac{1}{x-3} - \frac{1}{x-4}\right)$$

$$= \frac{1}{2}\sqrt{\frac{(x-1)(x-2)}{(x-3)(x-4)}}\left(\frac{1}{x-1} + \frac{1}{x-2} - \frac{1}{x-3} - \frac{1}{x-4}\right).$$

当 $x < 1$ 时，$y = \sqrt{\dfrac{(1-x)(2-x)}{(3-x)(4-x)}}$；

当 $2 < x < 3$ 时，$y = \sqrt{\dfrac{(x-1)(x-2)}{(3-x)(4-x)}}$；

用同样方法可得与上面相同的结果．

三、参变量函数的导数

参变量函数是指由参数方程

$$\begin{cases} x = x(t), \\ y = y(t) \end{cases}$$

所确定的 y 与 x 之间的函数关系. 在实际问题中,需要计算参变量函数的导数,但有时从参数方程中消去参数 t 会很困难. 因此,我们希望能直接由参数方程算出它所确定的函数的导数.

如果函数 $x = x(t)$ 具有单调、连续的反函数 $t = \varphi(x)$,且此反函数能与函数 $y = y(t)$ 构成复合函数,那么该参变量函数可以看成是由函数 $y = y(t)$、$t = \varphi(x)$ 复合而成的函数 $y = y[\varphi(x)]$,从而将计算参变量函数的导数转化为计算这个复合函数的导数. 假定函数 $x = x(t)$、$y = y(t)$ 都可导且 $x'(t) \neq 0$. 于是根据复合函数的求导法则与反函数的导数公式,就有

$$\frac{\mathrm{d}y}{\mathrm{d}x} = \frac{\mathrm{d}y}{\mathrm{d}t} \cdot \frac{\mathrm{d}t}{\mathrm{d}x} = \frac{\mathrm{d}y}{\mathrm{d}t} \cdot \frac{1}{\dfrac{\mathrm{d}x}{\mathrm{d}t}} = \frac{\dfrac{\mathrm{d}y}{\mathrm{d}t}}{\dfrac{\mathrm{d}x}{\mathrm{d}t}} = \frac{y'(t)}{x'(t)} , \quad \text{即} \quad \frac{\mathrm{d}y}{\mathrm{d}x} = \frac{y'(t)}{x'(t)} .$$

进一步,如果 $x = x(t)$、$y = y(t)$ 还是二阶可导的,由 $\dfrac{\mathrm{d}y}{\mathrm{d}x} = \dfrac{y'(t)}{x'(t)}$ 还可以求出 y 对 x 的二阶导数:

$$\frac{\mathrm{d}^2 y}{\mathrm{d}x^2} = \frac{\mathrm{d}}{\mathrm{d}x}\left(\frac{\mathrm{d}y}{\mathrm{d}x}\right) = \frac{\mathrm{d}}{\mathrm{d}t}\left(\frac{y'(t)}{x'(t)}\right) \cdot \frac{\mathrm{d}t}{\mathrm{d}x} = \frac{y''(t)x'(t) - x'(t)y''(t)}{[x'(t)]^2} \cdot \frac{1}{x'(t)} , \quad \text{即}$$

$$\frac{\mathrm{d}^2 y}{\mathrm{d}x^2} = \frac{y''(t)x'(t) - x'(t)y''(t)}{[x'(t)]^3} .$$

例 8 设 $\begin{cases} x = \ln(1+t^2), \\ y = t - \arctan t, \end{cases}$ 求 $\dfrac{\mathrm{d}y}{\mathrm{d}x}$,$\dfrac{\mathrm{d}^2 y}{\mathrm{d}x^2}$,$\dfrac{\mathrm{d}^3 y}{\mathrm{d}x^3}$.

解 $y'(t) = 1 - \dfrac{1}{1+t^2} = \dfrac{t^2}{1+t^2}$,$x'(t) = \dfrac{2t}{1+t^2}$,所以

$$\frac{\mathrm{d}y}{\mathrm{d}x} = \frac{y'(t)}{x'(t)} = \frac{t^2}{2t} = \frac{t}{2} ;$$

$$\frac{\mathrm{d}^2 y}{\mathrm{d}x^2} = \frac{\mathrm{d}}{\mathrm{d}x}\left(\frac{t}{2}\right) = \frac{\dfrac{\mathrm{d}}{\mathrm{d}t}\left(\dfrac{t}{2}\right)}{\dfrac{\mathrm{d}x}{\mathrm{d}t}} = \frac{1+t^2}{4t} ;$$

$$\frac{\mathrm{d}^3 y}{\mathrm{d}x^3} = \frac{\mathrm{d}}{\mathrm{d}x}\left(\frac{1+t^2}{4t}\right) = \frac{\dfrac{\mathrm{d}}{\mathrm{d}t}\left(\dfrac{1+t^2}{4t}\right)}{\dfrac{\mathrm{d}x}{\mathrm{d}t}} = \frac{t^4-1}{8t^3} \ .$$

例 9 设曲线方程由参变量函数 $\begin{cases} x = 2(1-\cos\theta), \\ y = 4\sin\theta \end{cases}$ 所确定，求在 $\theta = \dfrac{\pi}{4}$ 处的切线

方程.

解 由 $\dfrac{\mathrm{d}y}{\mathrm{d}\theta} = 4\cos\theta$ ，$\dfrac{\mathrm{d}x}{\mathrm{d}\theta} = 2\sin\theta$ ，得 $\dfrac{\mathrm{d}y}{\mathrm{d}x} = \dfrac{4\cos\theta}{2\sin\theta} = 2\cot\theta$ ，

$$\left.\frac{\mathrm{d}y}{\mathrm{d}x}\right|_{\theta=\frac{\pi}{4}} = 2\cot\frac{\pi}{4} = 2 \ ,$$

$\theta = \dfrac{\pi}{4}$ 对应切点 $(2-\sqrt{2}, 2\sqrt{2})$ ，切线的斜率为 $k = \left.\dfrac{\mathrm{d}y}{\mathrm{d}x}\right|_{\theta=\frac{\pi}{4}} = 2$ ，故切线方程为

$$y - 2\sqrt{2} = 2(x - 2 + \sqrt{2}) ，即 \ y = 2x - 4 + 4\sqrt{2} \ .$$

例 10 设 $\begin{cases} x = f'(t), \\ y = tf'(t) - f(t), \end{cases}$ 其中 $f(t)$ 二阶可导，求 $\dfrac{\mathrm{d}^2 y}{\mathrm{d}x^2}$.

解 $\dfrac{\mathrm{d}y}{\mathrm{d}x} = \dfrac{y'(t)}{x'(t)} = \dfrac{f'(t) + tf''(t) - f'(t)}{f''(t)} = t$ ，所以

$$\frac{\mathrm{d}^2 y}{\mathrm{d}x^2} = \frac{\mathrm{d}}{\mathrm{d}x}\left(\frac{\mathrm{d}y}{\mathrm{d}x}\right) = \frac{\dfrac{\mathrm{d}t}{\mathrm{d}t}}{\dfrac{\mathrm{d}x}{\mathrm{d}t}} = \frac{1}{f''(t)} \ .$$

习题 2-4

1. 求下列方程所确定的隐函数 y 的导数 $\dfrac{\mathrm{d}y}{\mathrm{d}x}$：

（1） $xy = \mathrm{e}^{x+y}$ ；

（2） $\mathrm{e}^{xy} + y^3 - 2x^2 = 0$ ；

（3） $y = \cos(x + y)$ ；

（4） $\arctan\dfrac{y}{x} = \ln\sqrt{x^2 + y^2}$.

2. 求下列方程所确定的隐函数 y 的二阶导数 $\dfrac{\mathrm{d}^2 y}{\mathrm{d}x^2}$：

（1）$4x^2 + 9y^2 = 36$；

（2）$y = \tan(x + y)$．

3．用对数求导法则求下列函数的导数：

（1）$y = (1 + x^2)^{\arctan x}$；

（2）$y = \sqrt{x \sin x \sqrt{1 - e^x}}$；

（3）$y = \dfrac{\sqrt{x + 2}(3 - x)^4}{(x + 1)^5}$．

4．求曲线 $y - xe^y = 1$ 上横坐标为 $x = 0$ 的点处的切线方程与法线方程．

5．求下列参变量函数的导数 $\dfrac{\mathrm{d}y}{\mathrm{d}x}$：

（1）$\begin{cases} x = e^t \sin t, \\ y = e^t \cos t. \end{cases}$

（2）$\begin{cases} x = 3t^2 + 2t + 3, \\ e^y \sin t - y + 1 = 0. \end{cases}$

6．求下列参变量函数的二阶导数 $\dfrac{\mathrm{d}^2 y}{\mathrm{d}x^2}$：

（1）$\begin{cases} x = 2e^{-t}, \\ y = 3e^t. \end{cases}$

（2）$\begin{cases} x = t + \arctan t, \\ y = t - \ln\sqrt{1 + t^2}. \end{cases}$

第 5 节　函数的微分

在理论研究和实际应用中，常常需要考虑这样的问题：当自变量 x 发生微小变化时，求函数 $y = f(x)$ 相应的微小增量

$$\Delta y = f(x_0 + \Delta x) - f(x_0).$$

一般说来，函数的增量的计算比较复杂，我们希望可以找到函数增量的近似计算方法．本节要介绍的微分，在研究函数增量的近似计算问题中起着重要的作用．

一、微分的概念

先来看一个具体问题，一块边长为 x_0 的正方形金属薄片受热后，其边长由 x_0 变到 $x_0 + \Delta x$（见图 2-2），问：此薄片的面积改变

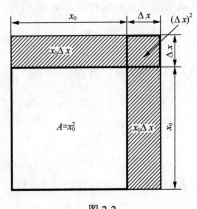

图 2-2

了多少？

设此薄片的边长为 x，面积为 A，则 A 是 x 的函数：$A = x^2$．薄片受热后面积的改变量，可以看成是当自变量 x 自 x_0 取得增量 Δx 时，函数 A 相应的增量 ΔA，即

$$\Delta A = (x_0 + \Delta x)^2 - x_0^2 = 2x_0 \Delta x + (\Delta x)^2 .$$

从上式可以看出，ΔA 分成两部分，第一部分 $2x_0 \Delta A$ 是 ΔA 的线性函数，而第二部分 $(\Delta x)^2$ 是比 Δx 高阶的无穷小，即 $(\Delta x)^2 = o(\Delta x)$．因此，如果边长的变化很微小，即 $|\Delta x|$ 很小时，面积的改变量 ΔA 可近似地用第一部分来代替，产生的误差只是一个关于 Δx 的高阶无穷小．

定义 设函数 $y = f(x)$ 在点 x_0 的某邻域 $U(x_0)$ 内有定义，$x_0 + \Delta x \in U(x_0)$，若函数的改变量 $\Delta y = f(x_0 + \Delta x) - f(x_0)$ 可以写作

$$\Delta y = A \cdot \Delta x + o(\Delta x) ,$$

且 A 只与 x_0 有关，与 Δx 无关，$o(\Delta x)$ 是 Δx 的高阶无穷小，则称函数 $y = f(x)$ 在点 x_0 处可微，并称 $A \cdot \Delta x$ 为函数 $y = f(x)$ 在点 x_0 处的微分，记作

$$dy = A \cdot \Delta x \quad \text{或} \quad df(x) = A \cdot \Delta x .$$

由定义知，如果函数 $y = f(x)$ 在点 x_0 处可微，那么当自变量从 x_0 变到 $x_0 + \Delta x$ 时，相应的函数的增量 Δy 可以分成两部分：一部分是函数在这点的微分，即 $dy = A \cdot \Delta x$，它是自变量增量 Δx 的线性函数（也称为函数增量的线性主部）；另一部分 $\Delta y - dy = o(\Delta x)$ 是 Δx 的高阶无穷小．

下面的定理给出了函数可微的充要条件．

定理 函数 $y = f(x)$ 在点 x_0 处可微的充分必要条件是函数 $y = f(x)$ 在点 x_0 处可导，且

$$dy = f'(x_0) \cdot \Delta x .$$

证 （必要性）设函数 $y = f(x)$ 在点 x_0 处可微，即 $\Delta y = A \cdot \Delta x + o(\Delta x)$，则

$$\lim_{\Delta x \to 0} \frac{\Delta y}{\Delta x} = \lim_{\Delta x \to 0} \frac{A \cdot \Delta x + o(\Delta x)}{\Delta x} = \lim_{\Delta x \to 0} \left[A + \frac{o(\Delta x)}{\Delta x} \right] = A ,$$

这表明函数 $y = f(x)$ 在点 x_0 处可导，且 $f'(x_0) = A$．

（充分性）设函数 $y = f(x)$ 在点 x_0 处可导，即 $f'(x_0) = \lim_{\Delta x \to 0} \frac{\Delta y}{\Delta x}$．根据函数极限与无穷小的关系，有 $\frac{\Delta y}{\Delta x} = f'(x_0) + \alpha$，其中 α 是 $\Delta x \to 0$ 时的无穷小，因此

$$\Delta y = f'(x_0) \cdot \Delta x + \alpha \Delta x ,$$

又因为 $\lim_{\Delta x \to 0} \frac{\alpha \Delta x}{\Delta x} = \lim_{\Delta x \to 0} \alpha = 0$，故 $\alpha \Delta x$ 是比 Δx 高阶的无穷小，记作 $o(\Delta x)$，从而

$$\Delta y = f'(x_0) \cdot \Delta x + o(\Delta x) ,$$

这表明函数 $y = f(x)$ 在点 x_0 处可微．

由上面的定理可知，可微与可导是等价概念，而且有 $A = f'(x_0)$，即

$\mathrm{d}y = f'(x_0) \cdot \Delta x$，因此通常称可导函数为可微函数. 函数 $y = f(x)$ 在任意点 x 处的微分称为函数 $y = f(x)$ 的微分，记作 $\mathrm{d}y = f'(x) \cdot \Delta x$.

当 $y = x$ 时，$\mathrm{d}x = x' \cdot \Delta x = \Delta x$. 因此，通常把自变量的改变量 Δx 作为自变量 x 的微分 $\mathrm{d}x$. 于是函数 $y = f(x)$ 的微分也常常写作

$$\mathrm{d}y = f'(x) \cdot \mathrm{d}x .$$

如果 $\mathrm{d}x \neq 0$，则有 $\dfrac{\mathrm{d}y}{\mathrm{d}x} = f'(x)$，因此函数的导数等于函数的微分与自变量的微分的商，因此，导数通常也称为微商.

例1 求函数 $y = x^3$ 在 $x = 1$ 和 $x = 2$ 处的微分.

解 函数 $y = x^3$ 在 $x = 1$ 处的微分为

$$\mathrm{d}y = (x^3)' \big|_{x=1} \cdot \mathrm{d}x = (3x^2) \big|_{x=1} \cdot \mathrm{d}x = 3\mathrm{d}x ;$$

函数 $y = x^3$ 在 $x = 2$ 处的微分为

$$\mathrm{d}y = (x^3)' \big|_{x=2} \cdot \mathrm{d}x = (3x^2) \big|_{x=2} \cdot \mathrm{d}x = 12\mathrm{d}x .$$

例2 求函数 $y = \ln x$ 当 x 由 2 改变到 2.01 时的微分.

解 先求函数在任意点 x 处的微分：$\mathrm{d}y = (\ln x)' \cdot \mathrm{d}x = \dfrac{1}{x}\mathrm{d}x$，由题设条件知

$$x = 2, \mathrm{d}x = \Delta x = 2.01 - 2 = 0.01 ,$$

故所求微分为 $\quad \mathrm{d}y = \dfrac{1}{2} \times 0.01 = 0.005$.

二、微分基本公式和运算法则

由微分和导数的关系式 $\mathrm{d}y = f'(x) \cdot \mathrm{d}x$ 可以看出，要计算函数的微分，只要计算函数的导数，再乘自变量的微分即可. 因此，由导数基本公式和运算法则可以得到相应的微分基本公式和运算法则.

1. 微分基本公式

（1）$\mathrm{d}C = 0$ ，

（2）$\mathrm{d}x^u = ux^{u-1}\mathrm{d}x$ ，

（3）$\mathrm{d}a^x = a^x \ln a\mathrm{d}x$ ，

（4）$\mathrm{d}e^x = e^x\mathrm{d}x$ ，

（5）$\mathrm{d}\log_a x = \dfrac{1}{x\ln a}\mathrm{d}x$ ，

（6）$\mathrm{d}\ln x = \dfrac{1}{x}\mathrm{d}x$ ，

（7）$\mathrm{d}\sin x = \cos x\mathrm{d}x$ ，

（8）$d\cos x = -\sin x dx$ ，

（9）$d\tan x = \sec^2 x dx$ ，

（10）$d\cot x = -\csc^2 x dx$ ，

（11）$d\sec x = \sec x \tan x dx$ ，

（12）$d\csc x = -\csc x \cot x dx$ ，

（13）$d\arcsin x = \dfrac{1}{\sqrt{1-x^2}}dx$ ，

（14）$d\arccos x = -\dfrac{1}{\sqrt{1-x^2}}dx$ ，

（15）$d\arctan x = \dfrac{1}{1+x^2}dx$ ，

（16）$d\operatorname{arccot} x = -\dfrac{1}{1+x^2}dx$.

2. 微分的四则运算法则

（1）线性法则：$d(\alpha u + \beta v) = \alpha du + \beta dv$ ；

（2）积法则：$d(uv) = u dv + v du$ ；

（3）商法则：$d\left(\dfrac{u}{v}\right) = \dfrac{v du - u dv}{v^2}$.

3. 复合函数的微分——微分的形式不变性

设 $y = f(u)$ 和 $u = g(x)$ 都可导，即 $f'(u)$、$g'(x)$ 存在，则根据复合函数求导的链式法则，可以得到复合函数 $y = f[g(x)]$ 的微分的表达式：

$$dy = d\{f[g(x)]\} = \{[f(g(x))]'\} dx = f'(u)g'(x)dx = f'(u)du .$$

记 $F(x) = f[g(x)]$ ，则有 $dy = F'(x)dx$ ，或 $dy = f'(u)du$ ，即不论对于中间变量 u 还是自变量 x ，微分的形式总是一样的，称此性质为微分的形式不变性.

例 3 求函数 $y = \tan x^2$ 的微分.

解 因为 $y' = (\tan x^2)' = 2x\sec^2 x^2$ ，所以 $dy = y'dx = 2x\sec^2 x^2 dx$ ；

或者利用微分的形式不变性，令 $u = x^2$ ，得

$$dy = \sec^2 u du = \sec^2 x^2 dx^2 = 2x\sec^2 x^2 dx .$$

例 4 求函数 $y = e^{-2x}\cos x$ 的微分.

解 $dy = d\left[e^{-2x}\cos x\right] = e^{-2x}d(\cos x) + \cos x d(e^{-2x})$

$\qquad = e^{-2x}(-\sin x)dx + \cos x(-2e^{-2x})dx$

$\qquad = -e^{-2x}(\sin x + 2\cos x)dx .$

例 5 由方程 $x^2 + xy + y^2 = 1$ ，求微分 dy.

解 方程两边同时求微分得

$$2x\mathrm{d}x + y\mathrm{d}x + x\mathrm{d}y + 2y\mathrm{d}y = 0 ,$$

解得 $\mathrm{d}y = -\dfrac{2x+y}{x+2y}\mathrm{d}x$;

或者方程两边同时对 x 求导，得

$$2x + y + xy' + 2yy' = 0 ,$$

解得 $y' = -\dfrac{2x+y}{x+2y}$ ，所以， $\mathrm{d}y = y'\mathrm{d}x = -\dfrac{2x+y}{x+2y}\mathrm{d}x$.

例 6 求由参数方程 $\begin{cases} x = 2t^2 \\ y = 6t^3 \end{cases}$ ，所确定的函数 $y = y(x)$ 的微分.

解 $\mathrm{d}y = \dfrac{\mathrm{d}y}{\mathrm{d}x}\cdot\mathrm{d}x = \dfrac{\left(6t^3\right)'\mathrm{d}t}{\left(2t^2\right)'\mathrm{d}t}\mathrm{d}x = \dfrac{9}{2}t\mathrm{d}x$.

三、微分的几何意义

在图 2-3 中，设曲线 $y = f(x)$ 在点 $M(x_0, y_0)$ 处的切线为 MT ，由导数的几何意义可知， MT 的斜率为 $\tan\alpha = f'(x_0)$ ，

$N(x_0 + \Delta x, y_0 + \Delta y)$ 为曲线上的另一个点，则

$$MQ = \Delta x, NQ = \Delta y ,$$

所以

$$PQ = MQ\cdot\tan\alpha = \Delta x\cdot f'(x_0) = \mathrm{d}y .$$

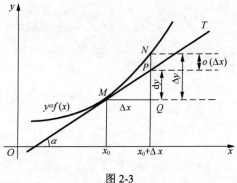

因此，函数 $y = f(x)$ 在点 x_0 处的微分 $\mathrm{d}y$ 的几何意义就是：当 Δy 表示曲线上一点 $M(x_0, y_0)$ 的纵坐标的改变量时， $\mathrm{d}y$ 就是曲线的切线上点的纵坐标的改变量.

图 2-3

四、微分在近似计算中的应用

从微分的表达式可知，

$$\Delta y = f(x_0 + \Delta x) - f(x_0) = \mathrm{d}y + o(\Delta x) = f'(x_0)\cdot\Delta x + o(\Delta x) ,$$

当 $|\Delta x|$ 充分小时，有近似公式 $\Delta y \approx \mathrm{d}y = f'(x_0)\cdot\Delta x$ ，即

$$f(x_0 + \Delta x) \approx f(x_0) + f'(x_0)\cdot\Delta x .$$

若记 $x = x_0 + \Delta x$ ，即 $\Delta x = x - x_0$ ，则上式又可以改写为

$$f(x) \approx f(x_0) + f'(x_0)\cdot(x - x_0) .$$

线性函数 $L(x) = f(x_0) + f'(x_0) \cdot (x - x_0)$ 就是曲线 $y = f(x)$ 在点 $(x_0, f(x_0))$ 处的切线方程，因此从几何意义上来说，这种近似法实质上是一种以直代曲，即用曲线 $y = f(x)$ 的切线来近似代替该曲线（在切点附近）.

特别地，如果取 $x_0 = 0$，可以得到

$$f(x) \approx f(0) + f'(0) \cdot x .$$

由此可以推出下列常用的近似公式（$|x|$ 充分小）：

（1） $(1+x)^{\alpha} \approx 1 + \alpha x$；

（2） $e^x \approx 1 + x$；

（3） $\sin x \approx x$；

（4） $\tan x \approx x$；

（5） $\ln(1+x) \approx x$.

例 7 计算下列各数的近似值：

（1） $\sqrt[5]{30}$；　　　　　　　（2） $e^{0.02}$；　　　　　　　（3） $\sin 29°$.

解　（1） $\sqrt[5]{30} = (32 - 2)^{\frac{1}{5}} = 2\left(1 - \dfrac{1}{16}\right)^{\frac{1}{5}} \approx 2 \times \left(1 - \dfrac{1}{5} \times \dfrac{1}{16}\right) = 1.975$；

（2） $e^{0.02} \approx 1 + 0.02 = 1.02$；

（3） 取 $x_0 = 30° = \dfrac{\pi}{6}$，$x = 29° = \dfrac{29}{180}\pi$，$dx = -\dfrac{\pi}{180}$，则

$$\sin 29° = \sin \frac{29}{180}\pi \approx \sin \frac{\pi}{6} + \cos \frac{\pi}{6} \cdot \left(-\frac{\pi}{180}\right)$$

$$= \frac{1}{2} + \frac{\sqrt{3}}{2} \cdot (-0.017\,5) \approx 0.485 .$$

习题 2-5

1. 已知 $y = x^3 - 1$，在点 $x = 2$ 处计算当 Δx 分别为 1，0.1，0.01 时的 Δy 及 dy 之值.

2. 在下列等式的横线上填入适当的函数，使等式成立：

（1） $d(\quad) = 4x\,dx$；

（2） $d(\quad) = \cos \omega x\,dx$；

（3） $d(\quad) = \dfrac{1}{1+x}\,dx$；

（4） $d(\quad) = \dfrac{1}{\sqrt{x}}\,dx$.

3. 求下列函数的微分：

（1） $y = \ln x + \sqrt{x}$；

（2） $y = x \sin 2x$；

（3） $y = x^2 e^{2x}$；

（4） $y = \arctan\sqrt{1-x^2}$；

（5） $y = (e^x + e^{-x})^2$；

（6） $y = \dfrac{\sin 2x}{x^2}$；

（7） $e^{xy} = 3x + y^2$；

（8） $y = (1+x^2)^x$．

4．计算下列各式的近似值：

（1） $\sqrt[100]{1.002}$；

（2） $\cos 29°$．

本 章 小 结

本章主要讨论了导数和微分的概念以及它们的计算方法．

导数是就一点 x_0 而言的，是一个确定的数值，与给定的函数有关．导函数是就一个区间而言的，是一个函数．在不致混淆的情况下，导函数也简称导数．

函数在一点可导与连续的关系是：可导一定连续，但连续不一定可导，即连续是可导的必要非充分条件．

二阶导数就是导函数的导数，n 阶导数就是 $n-1$ 阶导函数的导数．因此求高阶导数不需要专门的公式，逐阶求导即可．但是，熟记几个特殊函数的高阶导数公式，可以大大简化运算过程．

当 $f'(x_0) \neq 0$ 时，微分有以下特性：微分是自变量增量 Δx 的线性函数，$\mathrm{d}y$ 和 Δy 相差了 Δx 的高阶无穷小，即 $\Delta y = \mathrm{d}y + o(\Delta x)$．

微分形式的不变性：对于函数 $y = f(u)$，无论 u 是自变量还是中间变量，$y = f(u)$ 的微分总可以表示为 $\mathrm{d}y = f'(u)\mathrm{d}u$．

函数 $y = f(x)$ 可导与可微是等价的．$f'(x) = \dfrac{\mathrm{d}y}{\mathrm{d}x}$ 表明函数的导数 $f'(x)$ 就等于函数的微分 $\mathrm{d}y$ 与自变量的微分 $\mathrm{d}x$ 之比．

学习本章，要求熟记求基本初等函数的导数及微分的公式、函数四则运算的求导公式，熟练掌握复合函数求导法、反函数求导法、隐函数求导法、由参变量函数所确定的函数的求导法、对数求导法等方法．

总习题 2

（A）

1．设 $f(x)$ 在 $x=1$ 处连续，且 $\lim\limits_{x\to 1}\dfrac{f(x)}{x-1}=2$，求 $f'(1)$．

2. 设 $f(x) = x(x-1)(x-2) \cdot \cdots \cdot (x-1\,000)$，求 $f'(0)$.

3. 求 $y = \ln x + \mathrm{e}^x$ 的反函数 $x = x(y)$ 的导数.

4. 求曲线 $y = \sin 2x + x^2$ 上横坐标为 $x = 0$ 的点处的切线方程与法线方程.

5. 求与直线 $x + 9y - 1 = 0$ 垂直的曲线 $y = x^3 - 3x^2 + 5$ 的切线方程.

6. 设 $x > 0$ 时，可导函数 $f(x)$ 满足：$f(x) + 2f\left(\dfrac{1}{x}\right) = \dfrac{3}{x}$，求 $f'(x)(x > 0)$.

7. 求下列函数的导数：

（1） $y = \arctan \dfrac{x+1}{x-1}$；

（2） $y = \dfrac{\sqrt{1+x} + \sqrt{1-x}}{\sqrt{1+x} - \sqrt{1-x}}$；

（3） $y = x^a + a^x + x^x + a^a$；

（4） $y = x \arcsin \dfrac{x}{2} + \sqrt{4 - x^2}$；

（5） $y = f(\tan^2 x) + f(\cot^2 x)$.

8. 求下列函数的高阶导数.

（1） $y = (1 + x^2) \arctan x$，求 y''；

（2） $y = \ln(x - \sqrt{1 + x^2})$，求 y''；

（3） $y = \dfrac{1}{x^2 - 3x + 2}$，求 $y^{(n)}$；

（4） $y = \dfrac{4x^2 - 1}{x^2 - 1}$，求 $y^{(n)}$.

9. 求下列方程所确定的函数的二阶导数 $\dfrac{\mathrm{d}^2 y}{\mathrm{d}x^2}$：

（1） $y = \tan(x + y)$；

（2） $\begin{cases} x = f'(t), \\ y = tf'(t) - f(t), \end{cases} \quad f''(t) \neq 0$.

10. 求下列函数的微分：

（1） $y = \mathrm{e}^{-x} \cos(3 - x)$；

（2） $y = \arcsin \sqrt{1 - x^2}$.

11. 设函数 $f(x)$ 在其定义域上可导，若 $f(x)$ 是偶函数，证明 $f'(x)$ 是奇函数；若 $f(x)$ 是奇函数，则 $f'(x)$ 是偶函数（即求导改变奇偶性）.

（B）

1. 设 $f'(x)$ 在 $[a, b]$ 上连续，且 $f'(a) > 0$，$f'(b) < 0$，则下列结论中错误的是（　　）.

A. 至少存在一点 $x_0 \in (a,b)$，使得 $f(x_0) > f(a)$

B. 至少存在一点 $x_0 \in (a,b)$，使得 $f(x_0) > f(b)$

C. 至少存在一点 $x_0 \in (a,b)$，使得 $f'(x_0) = 0$

D. 至少存在一点 $x_0 \in (a,b)$，使得 $f(x_0) = 0$

2. 设函数 $f(x)$ 在 $x = 0$ 处连续，且 $\lim\limits_{h \to 0} \dfrac{f(h^2)}{h^2} = 1$，则（　　）.

A. $f(0) = 0$ 且 $f'_-(0)$ 存在

B. $f(0) = 1$ 且 $f'_-(0)$ 存在

C. $f(0) = 0$ 且 $f'_+(0)$ 存在

D. $f(0) = 1$ 且 $f'_+(0)$ 存在

3. 设函数 $f(x)$ 在 $x = 0$ 处连续，则下列命题中错误的是（　　）.

A. 若 $\lim\limits_{x \to 0} \dfrac{f(x)}{x}$ 存在，则 $f(0) = 0$

B. 若 $\lim\limits_{x \to 0} \dfrac{f(x) + f(-x)}{x}$ 存在，则 $f(0) = 0$

C. 若 $\lim\limits_{x \to 0} \dfrac{f(x)}{x}$ 存在，则 $f'(0)$ 存在

D. 若 $\lim\limits_{x \to 0} \dfrac{f(x) + f(-x)}{x}$ 存在，则 $f'(0)$ 存在

4. 设函数 $f(x)$ 在 $x = 0$ 处可导，且 $f(0) = 0$，则 $\lim\limits_{x \to 0} \dfrac{x^2 f(x) - 2f(x^3)}{x^3} = $（　　）.

A. $-2f'(0)$ 　　　　 B. $-f'(0)$ 　　　　 C. $f'(0)$ 　　　　 D. 0

5. 设 $f(x) = \begin{cases} x^a \cos\dfrac{1}{x}, & x \neq 0, \\ 0, & x = 0, \end{cases}$ 其导函数在 $x = 0$ 处连续，则 a 的取值范围是

（　　）.

6. 设 $f(x) = \lim\limits_{t \to 0} x(1 + 3t)^{\frac{x}{t}}$，则 $f'(x) = $（　　）.

7. 设函数 $f(x)$ 在 $x = 2$ 的某邻域内可导，$f'(x) = \mathrm{e}^{f(x)}$，$f(2) = 1$，则 $f'''(2) = $

（　　）.

8. 求曲线 $\tan\left(x + y + \dfrac{\pi}{4}\right) = \mathrm{e}^y$ 在点 $(0,0)$ 处的切线方程.

9. 已知 $y = f\left(\dfrac{3x-2}{3x+2}\right)$，$f'(x) = \arcsin x^2$，求 $y'|_{x=0}$.

10. 设函数 $f(x) = (\mathrm{e}^x - 1)(\mathrm{e}^{2x} - 2) \cdot \cdots \cdot (\mathrm{e}^{nx} - n)$，其中 n 为正整数，求 $f^{(n)}(0)$.

第3章 微分中值定理

从上一章我们已经知道,在实际问题中,我们从因变量相对于自变量的变化快慢,抽象出"导数"的概念以及计算方法,并且解释了导数的几何意义以及物理意义等. 但要进一步研究函数的性态,还需要在此基础上了解建立微分学的基本定理——微分中值定理.

本章将介绍微分学中最为重要的几个基本定理,进一步利用导数来研究函数以及其对应曲线的各种性态,并由此来指导生活中的实际问题.

第1节 中 值 定 理

中值定理主要揭示的是函数在某区间的整体性质与其在区间上某点处的导数之间的关系.

一、罗尔定理

首先介绍极值的概念.

定义 设函数 $f(x)$ 在区间 I 上有定义. 若存在点 x_0 的某邻域 $U(x_0) \subset I$,使得对于 $\forall x \in U(x_0)$,有

$$f(x) \leqslant f(x_0) \qquad (\quad 或 \quad f(x) \geqslant f(x_0)),$$

则称点 x_0 是函数 $f(x)$ 的极大值点(或极小值点),称函数值 $f(x_0)$ 是函数 $f(x)$ 的极大值(或极小值).

极大值点与极小值点统称为极值点,极大值与极小值统称为极值.

从极值定义可以看出,极值是与极值点的某邻域内的函数值相比较而言的,因而极值是一个局部概念. 一个函数在某区间上可以有不止一个极大值(极小值),而且可能某个极小值要比极大值大,如图 3-1 所示.

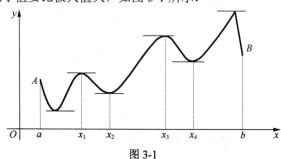

图 3-1

注　极值与函数在该极值点是否可导无关. 另外, 从图 3-1 上我们可以看出, 极大 (小) 值在极大 (小) 值点的邻域内是最大 (小) 的, 但在整个区间上却不一定. 需要指出的是, 最大 (小) 值 (如果存在) 是一个全局概念, 即在整个区间上至多有一个最大 (小) 值 (如果存在). 显然, 最值可以是极值, 也可以不是极值, 也就是说, 最值是所有极值加上边界点处的函数值中最大 (小) 的那一个.

费马定理　设函数 $f(x)$ 在区间 I 上有定义. 若函数 $f(x)$ 在 x_0 处可导, 且 x_0 是函数 $f(x)$ 的极值点, 则 $f'(x_0) = 0$.

在证明之前, 我们首先看一下该定理的几何意义: 由导数的意义可知, 曲线 $f(x)$ 在点 $(x_0, f(x_0))$ 处存在切线并且切线斜率为 0, 即在极值点处曲线 $y = f(x)$ 的切线平行于 x 轴, 如图 3-2 所示.

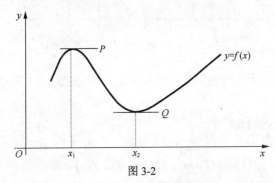

图 3-2

曲线 $y = f(x)$ 在极值点 x_1, x_2 处的切线都是平行于 x 轴的.

证　不妨设 x_0 是函数 $f(x)$ 的极大值点, 即存在邻域 $U(x_0) \subset I$, 对 $\forall x \in U(x_0)$, 都有 $f(x) \leqslant f(x_0)$.

当 $x < x_0$ 时, $\dfrac{f(x) - f(x_0)}{x - x_0} \geqslant 0$;

当 $x > x_0$ 时, $\dfrac{f(x) - f(x_0)}{x - x_0} \leqslant 0$.

根据函数极限的保号性,

$$f'_-(x_0) = \lim_{x \to x_0^-} \frac{f(x) - f(x_0)}{x - x_0} \geqslant 0;$$

$$f'_+(x_0) = \lim_{x \to x_0^+} \frac{f(x) - f(x_0)}{x - x_0} \leqslant 0.$$

由导数存在的充要条件可知, $f'(x_0) = f'_-(x_0) = f'_+(x_0) = 0$.

进一步地, 有下面的定理:

定理 1　(**罗尔定理**) 如果函数 $f(x)$ 满足: (1) 在闭区间 $[a,b]$ 上连续, (2) 在开区间 (a,b) 内可导, (3) 在区间两端点处函数值相等, 即 $f(a)=f(b)$, 则在 (a,b) 内至少

存在一点 c，使得 $f'(c)=0$.

如图 3-3 所示，罗尔定理指出了对于区间 $[a,b]$ 上的一条连续光滑曲线，且在区间两端点处函数值相等，即 $f(a)=f(b)$，那么在曲线上至少存在一点，使得在该点处有水平切线.

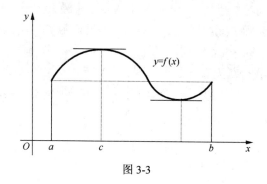

图 3-3

证 根据闭区间上连续函数的性质和条件（1），函数 $f(x)$ 在 $[a,b]$ 上存在最大值 M 和最小值 m.

下面分两种情况讨论：

1）若 $m=M$，即 $f(x)$ 在 $[a,b]$ 上恒为常数，显然对 $\forall c \in [a,b]$，有 $f'(c)=0$；

2）若 $M > m$，则显然 M 和 m 不能同时取值 $f(a)$，即在 (a,b) 内，函数 $f(x)$ 必然至少存在一个极值点 c，于是根据费马定理，有 $f'(c)=0$.

例 1 已知函数 $y=x^2-3x+2$ 在闭区间 $[1,2]$ 上连续，在开区间 $(1,2)$ 内可导，$f(1)=f(2)=0$. 求在区间 $(1,2)$ 内的一点 ξ，使 $f'(\xi)=0$.

解 显然函数 $y=x^2-3x+2$ 在 $[1,2]$ 上满足罗尔定理条件，因此在区间 $(1,2)$ 内至少存在一点 ξ，使 $f'(\xi)=2\xi-3=0$，得 $\xi=\dfrac{3}{2}$.

值得注意的是，在一般情况下，罗尔定理中的导数零点并非都容易求出来，而且罗尔定理中也不要求在端点处可导. 罗尔定理中的条件（2）、（3）都是充分条件而非必要条件，读者可自行作图举例.

二、拉格朗日定理

在罗尔定理中，条件 $f(a)=f(b)$ 比较特殊，若去掉这一条件而保留其余的两个条件，相应的结论也会改变，这便得到了微分学中十分重要的一个定理，即拉格朗日中值定理，有时也称为微分中值定理.

定理 2 （拉格朗日中值定理）如果函数 $f(x)$ 满足：（1）在闭区间 $[a,b]$ 上连续，（2）在开区间 (a,b) 内可导，则在 (a,b) 内至少存在一点 ξ，使得

$$f'(\xi) = \frac{f(b) - f(a)}{b - a}.\qquad (1)$$

由图 3-4 可见，$\dfrac{f(b) - f(a)}{b - a}$ 为弦 AB 所在直线的斜率，$f'(\xi)$ 为函数 $y = f(x)$ 在点 ξ 处的导数．由导数的意义可知，过点 $(\xi, f(\xi))$ 的曲线的斜率为 $f'(\xi)$，即该切线平行于弦 AB．

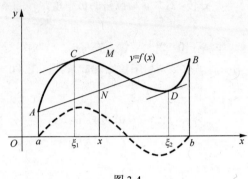

图 3-4

从（1）式可知，若 $f(b) = f(a)$，则 $f'(\xi) = 0$，即罗尔定理是拉格朗日中值定理的特例，而拉格朗日中值定理是罗尔定理的推广，因此，可以考虑用罗尔定理证明拉格朗日中值定理．

证 构造辅助函数

$$F(x) = f(x) - \left[f(a) + \frac{f(b) - f(a)}{b - a}(x - a) \right].$$

显然，函数 $F(x)$ 满足在闭区间 $[a, b]$ 上连续，在开区间 (a, b) 内可导，$F'(x) = f'(x) - \dfrac{f(b) - f(a)}{b - a}$，且 $F(a) = F(b)$．由罗尔定理可知，在区间 (a, b) 内至少存在一点 ξ，使得 $F'(\xi) = 0$，即 $\quad f'(\xi) = \dfrac{f(b) - f(a)}{b - a}$．

拉格朗日中值定理是微分学中值定理中最重要的定理之一，（1）式右端描述的是函数 $y = f(x)$ 在 $[a, b]$ 上的平均变化率，而左端 $f'(\xi)$ 表示的是在开区间 (a, b) 上某点 ξ 的局部变化率．因此，拉格朗日中值定理是沟通函数与导数之间的桥梁，是应用导数的局部性研究函数的整体性的重要工具．同时，该定理的结论还有多种等价形式：

（1）$f(x + \Delta x) - f(x) = f'(\xi)\Delta x, x \leqslant \xi \leqslant x + \Delta x$，又称为拉格朗日中值公式（简称拉氏公式）；

（2）设 $\xi = a + \theta(b - a)$，$0 < \theta < 1$，从而有

$$f(b) - f(a) = f'\left[a + \theta(b - a) \right](b - a)，\ (0 < \theta < 1)；$$

（3）设 $[x,x+\Delta x]\subset(a,b),\forall\Delta x\geqslant 0$ ，于是有

$$f(x+\Delta x)-f(x)=f'(\xi)\Delta x \quad (x\leqslant\xi\leqslant x+\Delta x),$$

即 $\Delta y=f'(x+\theta\Delta x)\Delta x$ ， $0<\theta<1$ ．（2）

（2）式称为有限增量公式，公式中导数的取值点存在但不必求出．在 x 取得有限增量 Δx 而需要求函数增量的精确表达时，该式就显得非常重要．

例2 验证函数 $y=x^2$ 在 $[0,2]$ 上满足拉格朗日中值定理的条件，并求出定理中的 ξ ．

解 函数 $f(x)=x^2$ 显然在 $[0，2]$ 上连续，在（0，2）内可导，且 $f'(x)=2x$ ，因此 $f(x)=x^2$ 在 $[0,2]$ 上满足拉格朗日中值定理的条件，在（0，2）内至少存在一点 ξ ，使

$$f'(\xi)=\frac{f(2)-f(0)}{2-0}=\frac{4-0}{2-0}=2,$$

即 $2\xi=2$ ，所以 $\xi=1$ ．

例3 证明 $\dfrac{b-a}{b}<\ln\dfrac{b}{a}<\dfrac{b-a}{a}(0<a<b)$ ．

解析 根据拉格朗日中值定理的结论可知，当 $a<\xi<b$ 时， $f'(x)$ 有界，即

$$|f'(x)|\leqslant C \text{（或者 } m\leqslant f'(x)\leqslant M\text{）},$$

于是有 $|f(b)-f(a)|\leqslant C|b-a|$ [或 $m(b-a)\leqslant f(b)-f(a)\leqslant M(b-a)$]．

结合上述结论，不等式等价于 $\dfrac{1}{b}<\dfrac{\ln b-\ln a}{b-a}<\dfrac{1}{a}$ ，从而出现拉格朗日中值定理的结论，于是我们可以构造函数 $f(x)=\ln x,x\in[a,b]$ ．

证 构造函数 $f(x)=\ln x,x\in[a,b]$ ， $a>0$ ．易知函数 $f(x)=\ln x$ 在 (a,b) 内可导，且 $f'(x)=\dfrac{1}{x}$ ．由拉格朗日中值定理知，至少存在一点 $\xi\in(a,b)$ ，使

$$f'(\xi)=\frac{f(b)-f(a)}{b-a}=\frac{\ln b-\ln a}{b-a}, \quad 即 \quad \frac{\ln b-\ln a}{b-a}=\frac{1}{\xi}.$$

由于 $\dfrac{1}{b}<\dfrac{1}{\xi}<\dfrac{1}{a}$ （ $a<\xi<b$ ），于是 $\dfrac{1}{b}<\dfrac{\ln b-\ln a}{b-a}<\dfrac{1}{a}$ ，

即 $\dfrac{b-a}{b}<\ln\dfrac{b}{a}<\dfrac{b-a}{a}(0<a<b)$ ．

两个重要推论：

推论1 若函数 $f(x)$ 在区间 (a,b) 内可导，则 $f(x)$ 在 (a,b) 内恒等于常数的充要条件

是 $f'(x) \equiv 0$.

证 必要性显然.

我们来证明充分性：任取 (a,b) 内两点 x_1，x_2，不妨设 $x_1 < x_2$，显然函数 $f(x)$ 在 $[x_1, x_2]$ 上满足拉格朗日中值定理的条件，因而有

$$f(x_2) - f(x_1) = f'(\xi)(x_2 - x_1)，\quad \xi \in (x_1, x_2).$$

由已知条件 $f'(x) \equiv 0$，得 $f(x_2) - f(x_1) = 0$.

又根据 x_1，x_2 两点的任意性，在区间 (a,b) 内函数值相等，因此 $f(x)$ 在 (a,b) 内恒等于常数.

由推论 1 可以立即得到下面的推论：

推论 2 若在区间 I 内函数 $f(x)$ 与 $g(x)$ 可导且导数相等，则在区间 I 内两个函数只相差一个常数 C.

例 4 证明等式 $\arcsin x + \arccos x = \dfrac{\pi}{2}$ $(-1 \leqslant x \leqslant 1)$.

证 设 $f(x) = \arcsin x + \arccos x$，$x \in [-1, 1]$，

于是 $f'(x) = \dfrac{1}{\sqrt{1-x^2}} + \left(-\dfrac{1}{\sqrt{1-x^2}}\right) = 0$ $(-1 \leqslant x \leqslant 1)$.

由推论可知 $\forall x \in (-1, 1)$，$f(x) \equiv C$，C 为常数.

又 $f(0) = \arcsin 0 + \arccos 0 = 0 + \dfrac{\pi}{2} = \dfrac{\pi}{2}$，即 $C = \dfrac{\pi}{2}$.

又 $f(1) = f(-1) = \dfrac{\pi}{2}$，

故 $\arcsin x + \arccos x = \dfrac{\pi}{2}$ $(-1 \leqslant x \leqslant 1)$.

三、柯西中值定理

定理 3 （柯西中值定理）如果函数 $f(x)$ 及 $g(x)$ 满足条件：（1）在闭区间 $[a,b]$ 上连续，（2）在开区间 (a,b) 内可导，且 $g'(x) \neq 0$，

则在 (a,b) 内至少有一点 $\xi(a < \xi < b)$，使 $\dfrac{f(b) - f(a)}{g(b) - g(a)} = \dfrac{f'(\xi)}{g'(\xi)}$ 成立.

证 显然 $g(b) - g(a) \neq 0$. 事实上，如果 $g(b) - g(a) = 0$，则由罗尔定理可知，在 (a,b) 内至少有一点 m，使得 $g'(m) = 0$，与已知条件 $g'(x) \neq 0$ 矛盾.

构造函数 $F(x) = f(x) - \dfrac{f(b) - f(a)}{g(b) - g(a)}[g(x) - g(a)]$.

容易验证 $F(a) = F(b) = 0$，且函数 $F(x)$ 在闭区间 $[a,b]$ 上连续，在开区间 (a,b) 内可导，

$F'(x) = f'(x) - \dfrac{f(b)-f(a)}{g(b)-g(a)} g'(x)$，根据罗尔定理可知，在 (a,b) 内至少有一点

$\xi(a < \xi < b)$，使 $F'(\xi) = 0$．

于是 $f'(\xi) - \dfrac{f(b)-f(a)}{g(b)-g(a)} g'(\xi) = 0$，

即
$$\frac{f(b)-f(a)}{g(b)-g(a)} = \frac{f'(\xi)}{g'(\xi)}.$$
证毕．

注意到在柯西中值定理中，当 $g(x) = x$ 时，$g'(x) = 1$，$g(a) = a$，$g(b) = b$．此时柯西中值定理的结论变为 $f'(\xi) = \dfrac{f(b)-f(a)}{b-a}$，可见拉格朗日中值定理是柯西中值定理的特殊情况．

例 5 证明：若函数 $f(x)$ 在 $[a,b]$ 上可导，$b > a > 0$，则存在 $c \in (a,b)$，使

$$f(b) - f(a) = cf'(c) \ln \frac{b}{a}.$$

证 构造函数 $g(x) = \ln x$，$x \in [a,b]$．

显然 $g(x) = \ln x$ 在 (a,b) 内可导，$g'(x) = \dfrac{1}{x}$，且 $g(b) - g(a) = \ln b - \ln a \neq 0$．

于是由柯西中值定理，得在 (a,b) 内存在一点 c，使

$$\frac{f(b)-f(a)}{\ln b - \ln a} = \frac{f'(c)}{g'(c)} = \frac{f'(c)}{\dfrac{1}{c}} = cf'(c),$$

整理得 $f(b) - f(a) = cf'(c)(\ln b - \ln a) = cf'(c) \ln \dfrac{b}{a}$．

习题 3-1

1. 验证函数 $f(x) = x^m (1-x)^n$（n, m 为自然数）在 $[0,1]$ 上是否满足罗尔定理的条件，若满足，在（0,1）内求出 c，使得 $f'(c) = 0$．

2. 设 $f(x)$ 在 $[0,1]$ 上连续，在 $(0,1)$ 内可导，且 $f(0) = f(1) = 0$，$f\left(\dfrac{1}{2}\right) = 1$，试证在 $(0,1)$ 内至少存在一点 x_0，使得 $f'(x_0) = 1$．

3. 证明下列不等式：$\sqrt{2}\left(\sqrt{2} - 1\right) < \ln\left(\sqrt{2} + 1\right) < \sqrt{2}$．

4. 设 $x > 0$，求证 $\ln(1+x) > \dfrac{\arctan x}{1+x}$．

5. 设 $f(x)$ 在 $[0,1]$ 上二阶可导，$f(0) = f(1) = 0$．试证：存在 $\varepsilon \in (0,1)$，使

$$f''(\varepsilon) = \frac{1}{\varepsilon^2} f'(\varepsilon).$$

6. 证明：方程 $x\sin x + x\cos x = 0$ 在区间 $(0,\pi)$ 内至少有一实根.

7. 设 $f(x)$ 在 $[0,1]$ 上连续，在 $(0,1)$ 内可导，且 $f(1) = 0$. 证明：存在一点 $\varepsilon \in (0,1)$，使 $f(\varepsilon) + \varepsilon f'(\varepsilon) = 0$.

8. 证明不等式：$|\arctan x_1 - \arctan x_2| \leqslant |x_1 - x_2|$.

9. 若函数 $f(x)$ 在 (a,b) 内具有二阶导数，且 $f(x_1) = f(x_2) = f(x_3)$，其中 $a < x_1 < x_2 < x_3 < b$，证明：在 (x_1, x_3) 内至少有一点 ξ，使得 $f''(\xi) = 0$.

10. 设函数 $y = f(x)$ 在 $x = 0$ 的某邻域内有 n 阶导数，且 $f(0) = f'(0) = \cdots =$

$f^{(n-1)}(0) = 0$，试用柯西中值定理证明：$\dfrac{f(x)}{x^n} = \dfrac{f^{(n)}(\theta x)}{n!}(0 < \theta < 1)$.

第 2 节　　洛比达法则

我们已经学习了无穷小与无穷大的概念，相应地，有无穷小之比的极限，如高阶无穷小，但极限也可能不存在. 因此，自变量在同一变化过程中，函数 $f(x)$ 与 $g(x)$ 同时趋于零，极限 $\lim \dfrac{f(x)}{g(x)}$ 可能存在. 也可能不存在. 我们称此类 $\dfrac{0}{0}$ 型无穷小之比的极限为未定式，类似地，也有 $\dfrac{\infty}{\infty}$ 型未定式. 本节以 $\dfrac{0}{0}$ 型为例，讨论此类极限的计算，即洛比达（L'Hospital）法则.

一、$\dfrac{0}{0}$ 型

定理 1　（洛比达法则）若函数 $f(x)$ 与 $g(x)$ 满足下列条件：

（1）在 a 的某去心邻域 $\overset{\circ}{U}(a)$ 内可导且 $g'(x) \neq 0$，

（2）$\lim\limits_{x \to a} f(x) = 0$，$\lim\limits_{x \to a} g(x) = 0$，

（3）$\lim\limits_{x \to a} \dfrac{f'(x)}{g'(x)} = \lambda$，$a < +\infty$，

则　$\lim\limits_{x \to a} \dfrac{f(x)}{g(x)} = \lim\limits_{x \to a} \dfrac{f'(x)}{g'(x)} = \lambda$.

我们先分析一下洛比达法则. 从定理的内容看，洛比达法则要解决的是两个函数之比与导数之比之间的关系. 由此我们联想到柯西中值定理. 事实上，柯西中值定理也正是证明洛比达法则的关键. 为了构造柯西中值定理的条件，我们可将函数

$f(x)$ 与 $g(x)$ 在 a 点做连续开拓，因为要讨论的是 $\lim \dfrac{f(x)}{g(x)}$ 在 a 处的极限，而这与函数 $f(x)$ 与 $g(x)$ 在 a 点的函数值无关，因此不会影响定理的证明.

证 将函数 $f(x)$ 与 $g(x)$ 在 a 点做连续开拓，即设

$$f_0(x) = \begin{cases} f(x), & x \neq a, \\ 0, & x = a. \end{cases} \qquad g_0(x) = \begin{cases} g(x), & x \neq a, \\ 0, & x = a. \end{cases}$$

于是，在 a 的某去心邻域内，对任意的 x，函数 $f_0(x)$ 与 $g_0(x)$ 在区间 $[a,x]$ 或 $[x,a]$ 上满足柯西中值定理的条件. 根据柯西中值定理，有

$$\frac{f_0(x) - f_0(a)}{g_0(x) - g_0(a)} = \frac{f_0'(\xi)}{g_0'(\xi)}.$$

由于 $f_0(a) = 0$，$g_0(a) = 0$，对于 $\forall x \neq a, f_0(x) = f(x), g_0(x) = g(x)$.

于是

$$\frac{f_0(x) - 0}{g_0(x) - 0} = \frac{f(x)}{g(x)} = \frac{f_0'(\xi)}{g_0'(\xi)}.$$

由于 ξ 介于 x 与 a 之间，故当 $x \to a$ 时，$\xi \to a$.
因此由条件（3）可知

$$\lim_{x \to a} \frac{f(x)}{g(x)} = \lim_{\xi \to a} \frac{f'(\xi)}{g'(\xi)} = \lim_{x \to a} \frac{f'(x)}{g'(x)} = \lambda.$$

定理 1' 若函数 $f(x)$ 与 $g(x)$ 满足下列条件：

1）$\exists A > 0$，在 $(-\infty, -A)$ 与 $(A, +\infty)$ 内可导，且 $g'(x) \neq 0$，

2）$\displaystyle\lim_{x \to \infty} f(x) = 0$，$\displaystyle\lim_{x \to \infty} g(x) = 0$，

3）$\displaystyle\lim_{x \to \infty} \frac{f'(x)}{g'(x)} = \lambda, (\lambda < +\infty)$，

则 $\displaystyle\lim_{x \to \infty} \frac{f(x)}{g(x)} = \lim_{x \to \infty} \frac{f'(x)}{g'(x)} = \lambda$.

只要利用换元法即可得到上述结论，此处不再重复证明.

进一步，若极限 $\displaystyle\lim_{x \to a} \frac{f'(x)}{g'(x)}$ 仍是 $\dfrac{0}{0}$ 型的未定式，而此时 $f'(x)$ 与 $g'(x)$ 仍满足适用洛比达法则的条件，则可继续对其运用洛比达法则，即

$$\lim_{\substack{x \to a \\ (x \to \infty)}} \frac{f(x)}{g(x)} = \lim_{\substack{x \to a \\ (x \to \infty)}} \frac{f'(x)}{g'(x)} = \lim_{\substack{x \to a \\ (x \to \infty)}} \frac{f''(x)}{g''(x)} = \cdots \qquad （若存在的话）.$$

例1 求 $\displaystyle\lim_{x \to 0} \frac{\sin ax}{bx}$ （$b \neq 0$）. $\left(\dfrac{0}{0} \right)$

解　$\lim\limits_{x\to 0}\dfrac{\sin ax}{bx}=\lim\limits_{x\to 0}\dfrac{a\cos ax}{b}=\dfrac{a}{b}$.

注　上述第二个极限不满足洛比达法则的条件, 不是 $\dfrac{0}{0}$ 型, 因此第二个极限不能用

洛比达法则.

例 2　求 $\lim\limits_{x\to +\infty}\dfrac{\dfrac{\pi}{2}-\arctan x}{\sin\dfrac{1}{x}}$.　$\left(\dfrac{0}{0}\right)$

解　$\lim\limits_{x\to +\infty}\dfrac{\dfrac{\pi}{2}-\arctan x}{\sin\dfrac{1}{x}}=\lim\limits_{x\to +\infty}\dfrac{-\dfrac{1}{1+x^2}}{-\dfrac{1}{x^2}\cos\dfrac{1}{x}}=\lim\limits_{x\to +\infty}\dfrac{x^2}{1+x^2}\cdot\dfrac{1}{\cos\dfrac{1}{x}}=1$.

二、$\dfrac{\infty}{\infty}$ 型

定理 2　（洛比达法则）若函数 $f(x)$ 与 $g(x)$ 满足下列条件:

（1）在 a 的某去心邻域 $\overset{\circ}{U}(a)$ 内可导且 $g'(x)\neq 0$,

（2）$\lim\limits_{x\to a}f(x)=\infty$, $\lim\limits_{x\to a}g(x)=\infty$,

（3）$\lim\limits_{x\to a}\dfrac{f'(x)}{g'(x)}=\lambda$, $(\lambda <+\infty)$,

则　$\lim\limits_{x\to a}\dfrac{f(x)}{g(x)}=\lim\limits_{x\to a}\dfrac{f'(x)}{g'(x)}=\lambda$.

例 3　求 $\lim\limits_{x\to \frac{\pi}{2}}\dfrac{\tan x}{\tan 3x}$.　$\left(\dfrac{0}{0}\right)$

解　$\lim\limits_{x\to \frac{\pi}{2}}\dfrac{\tan x}{\tan 3x}=\lim\limits_{x\to \frac{\pi}{2}}\dfrac{\dfrac{1}{\cos^2 x}}{\dfrac{3}{\cos^2 3x}}=\lim\limits_{x\to \frac{\pi}{2}}\dfrac{\cos^2 3x}{3\cos^2 x}=\lim\limits_{x\to \frac{\pi}{2}}\dfrac{-6\cos 3x\sin 3x}{-6\cos x\sin x}$

$=\lim\limits_{x\to \frac{\pi}{2}}\dfrac{\sin 6x}{\sin 2x}=3$.

三、其他类型

$\dfrac{0}{0}$ 型与 $\dfrac{\infty}{\infty}$ 型是最基本的两种待定型, 同样的未知待定型还有其他 5 种, 分别

如下:

$$0\cdot\infty,\infty-\infty,\ \ 0^0,1^\infty,\infty^0.$$

但无论怎么变化，最后都能归结转化为 $\dfrac{0}{0}$ 型或 $\dfrac{\infty}{\infty}$ 型.

例 4 求 $\lim\limits_{x\to 0^+} x\ln x$. $(0\cdot\infty)$

解 $\lim\limits_{x\to 0^+} x\ln x = \lim\limits_{x\to 0^+} \dfrac{\ln x}{\dfrac{1}{x}}$ $\left(\dfrac{\infty}{\infty}\right)$

$$= \lim\limits_{x\to 0^+} \dfrac{\dfrac{1}{x}}{-\dfrac{1}{x^2}} = \lim\limits_{x\to 0^+} (-x) = 0.$$

例 5 求 $\lim\limits_{x\to 0^+} \left(\dfrac{\sin x}{x}\right)^{\frac{1}{x}}$. (1^∞)

解 因为 $\left(\dfrac{\sin x}{x}\right)^{\frac{1}{x}} = \mathrm{e}^{\frac{1}{x}\ln\frac{\sin x}{x}}$ ，

$$\lim\limits_{x\to 0^+} \dfrac{1}{x}\ln\left(\dfrac{\sin x}{x}\right) = \lim\limits_{x\to 0^+} \dfrac{\ln\left(\dfrac{\sin x}{x}\right)}{x} \qquad \left(\dfrac{0}{0}\right)$$

$$= \lim\limits_{x\to 0^+} \dfrac{\dfrac{x}{\sin x}\left(\dfrac{\sin x}{x}\right)'}{1} = \lim\limits_{x\to 0^+} \dfrac{x\cos x - \sin x}{x^2}$$

$$= \lim\limits_{x\to 0^+} \dfrac{\cos x - x\sin x - \cos x}{2x} = \lim\limits_{x\to 0^+} \left(-\dfrac{x\sin x}{2x}\right)$$

$$= 0 ,$$

故 $\lim\limits_{x\to 0^+} \left(\dfrac{\sin x}{x}\right)^{\frac{1}{x}} = \mathrm{e}^0 = 1$.

例 6 求 $\lim\limits_{x\to 0^+} (\sin x)^x$. (0^0)

解 由于 $(\sin x)^x = \mathrm{e}^{x\ln(\sin x)}$ ，

$$\lim\limits_{x\to 0^+} x\ln(\sin x) = \lim\limits_{x\to 0^+} \dfrac{\ln(\sin x)}{\dfrac{1}{x}} = \lim\limits_{x\to 0^+} \dfrac{\dfrac{\cos x}{\sin x}}{-x^{-2}} = -\lim\limits_{x\to 0^+} \left(\cos x\cdot\dfrac{x}{\sin x}\cdot x\right) = 0 ,$$

故 $\lim\limits_{x\to 0^+} (\sin x)^x = \mathrm{e}^0 = 1$.

例 7 求 $\lim\limits_{x\to\frac{\pi}{2}} (\tan x - \sec x)$. $(\infty-\infty)$

解 $\lim\limits_{x\to\frac{\pi}{2}} (\tan x - \sec x) = \lim\limits_{x\to\frac{\pi}{2}} \dfrac{\sin x - 1}{\cos x} = \lim\limits_{x\to\frac{\pi}{2}} \dfrac{-\cos x}{\sin x} = 0$.

洛比达法则是求待定型极限的有力工具，但值得注意的是，洛比达法则里的条件（3）是结论成立的充分条件而非必要条件. 如 $\lim\limits_{x\to\infty}\left(1+\dfrac{1}{x}\cos x\right)$,

$$\text{原式} \;=\; \lim\limits_{x\to\infty}\dfrac{1-\sin x}{1}=\lim\limits_{x\to\infty}(1-\sin x).$$

据此做法极限不存在，洛必达法则的条件不满足，在此不适用，但事实上这个极限是存在的. 正确的做法应该是原式= $\lim\limits_{x\to\infty}\left(1+\dfrac{1}{x}\cos x\right)=1$. 在求极限时要灵活运用多种方法，尽可能先化简，可以用等价无穷小替换，但要注意替换成立的前提.

习题 3-2

1. 求下列极限：

（1）$\lim\limits_{x\to 0}\dfrac{e^{x}-e^{-x}}{\sin x}$；

（2）$\lim\limits_{x\to\frac{\pi}{2}}\dfrac{\ln(\sin x)}{(\pi-2x)^{2}}$；

（3）$\lim\limits_{x\to 0}\dfrac{\ln\tan 7x}{\ln\tan 3x}$；

（4）$\lim\limits_{x\to 1}\dfrac{x^{3}-1+\ln x}{e^{x}-e}$；

（5）$\lim\limits_{x\to 0}\dfrac{\ln(1+x)}{\sin 3x}$；

（6）$\lim\limits_{x\to 0}\dfrac{\tan x-x}{x-\sin x}$；

（7）$\lim\limits_{x\to 0}\dfrac{\tan 2x}{\tan 3x}$；

（8）$\lim\limits_{x\to 0}\left(\dfrac{\sin x}{x}\right)^{\frac{1}{x^{2}}}$；

（9）$\lim\limits_{x\to 0}x^{\tan x}$；

（10）$\lim\limits_{x\to\frac{\pi}{2}}\dfrac{\tan x}{\tan 3x}$；

（11）$\lim\limits_{x\to 0}x^{2}e^{\frac{1}{x^{2}}}$；

（12）$\lim\limits_{x\to 0}\left(x+\sqrt{1+x^{2}}\right)^{\frac{1}{x}}$.

2. 验证极限 $\lim\limits_{x\to\infty}\dfrac{x+\sin x}{x}$ 存在，但不能用洛比达法则求出.

第3节　泰勒定理与应用

一、泰勒定理

实际问题中有许多复杂的函数，为了便于研究，人们常常采用一些简单的函数来近似替代那些复杂的函数，而且用这些函数替代后，误差也能满足相应的条件. 初等函数中，多项式函数是最简单的函数，而且只需要对自变量进行有限次加、减、乘三种运算，便能求出它的函数值，因此我们经常用多项式来近似表达函数.

这种近似表达在数学上称为**逼近**，这对于研究原来函数的形态及近似值都有重要意义. 泰勒在此方面做了重要研究和贡献. 本节就简单介绍泰勒公式和几个简单应用.

在微分的应用中已经知道，当 $|x|$ 很小时，有如下的近似等式：

$$e^x \approx 1+x, \quad \ln(1+x) \approx x.$$

这些都是用一次多项式来近似表达函数的例子. 但是这种近似表达式还存在不足：首先是精确度不高，这所产生的误差仅是关于 x 的高阶无穷小；其次是用它来做近似计算时，不能具体估算出误差大小. 因此，当精确度要求较高且需要估计误差的时候，就必须用 x_0 的高次多项式来近似表达函数，同时给出误差公式.

可以肯定的是，若函数 $f(x)$ 在含有 x_0 的某邻域或开区间内具有直到 $n+1$ 阶的导数，

那么存在这样一个关于 $(x-x_0)$ 的 n 次多项式：

$$P_n(x) = a_0 + a_1(x-x_0) + a_2(x-x_0)^2 + \cdots + a_n(x-x_0)^n.$$

这个多项式可以用来近似函数 $f(x)$，即 $f(x) \approx P_n(x)$，并且近似的误差 $|R_n(x)| = |f(x) - P_n(x)|$ 是比 $(x-x_0)^n$ 高阶的无穷小.

事实上，我们希望 $P_n(x)$ 与 $f(x)$ 在 x_0 的各阶导数（直到 $n+1$ 阶导数）相等，这样就有

$$P_n(x) = a_0 + a_1(x-x_0) + a_2(x-x_0)^2 + \cdots + a_n(x-x_0)^n,$$
$$P_n'(x) = a_1 + 2a_2(x-x_0) + \cdots + na_n(x-x_0)^{n-1},$$
$$P_n''(x) = 2a_2 + 3 \cdot 2 \cdot a_3(x-x_0) + \cdots + n(n-1)a_n(x-x_0)^{n-2},$$
$$P_n'''(x) = 3! \ a_3 + 4 \cdot 3 \cdot 2a_4(x-x_0) + \cdots + n(n-1)(n-2)a_n(x-x_0)^{n-3},$$
$$\cdots, \quad P_n^{(n)}(x) = n!a_n.$$

于是 $P_n(x_0) = a_0$，$P_n'(x_0) = a_1$，$P_n''(x_0) = 2!a_2$，$P_n'''(x_0) = 3!a_3$，$\cdots$，$P_n^{(n)}(x_0) = n!a_n$.

按要求有

$$f(x_0) = P_n(x_0) = a_0, \quad f'(x_0) = P_n'(x_0) = a_1,$$
$$f''(x_0) = P_n''(x_0) = 2a_2, \quad f'''(x_0) = P_n'''(x_0) = 3!a_3, \cdots,$$
$$f^{(n)}(x_0) = P_n^{(n)}(x_0) = n!a_n.$$

从而有

$$a_0 = f(x_0), \quad a_1 = f'(x_0), \quad a_2 = \frac{1}{2!}f''(x_0), \quad a_3 = \frac{1}{3!}f'''(x_0), \quad \cdots, \quad a_n = \frac{1}{n!}f^{(n)}(x_0),$$

即 $\quad a_k = \frac{1}{k!}f^{(k)}(x_0) \quad （k=1,2,\cdots,n）.$

于是有

$$P_n(x) = f(x_0) + f'(x_0)(x-x_0) + \frac{1}{2!}f''(x_0)(x-x_0)^2 + \cdots + \frac{1}{n!}f^{(n)}(x_0)(x-x_0)^n.$$

我们称此多项式为泰勒多项式.

定理 1（泰勒定理）　如果函数 $f(x)$ 在 x_0 处存在 n 阶导数，那么对在 x_0 的某个邻域内的任意 x，有

$$f(x) = f(x_0) + \frac{f'(x_0)}{1!}(x - x_0) + \frac{f''(x_0)}{2!}(x - x_0)^2 + \cdots$$

$$+ \frac{f^{(n)}(x_0)}{n!}(x - x_0)^n + o[(x - x_0)^n].$$

这里记余项 $P_n(x) = o[(x - x_0)^n]$，为比 $(x - x_0)^n$ 高阶的无穷小，上式称为泰勒公式，对应的 $P_n(x)$ 称为皮亚诺余项.

证　首先，已知函数 $f(x)$ 在 x_0 处存在 n 阶导数，按前面的方法我们已经构造出这样一个泰勒多项式近似逼近函数 $f(x)$：

$$P_n(x) = f(x_0) + f'(x_0)(x - x_0) + \frac{1}{2!}f''(x_0)(x - x_0)^2 + \cdots + \frac{1}{n!}f^{(n)}(x_0)(x - x_0)^n,$$

这个多项式与函数 $f(x)$ 之间存在误差 $R_n(x)$.

下面我们来证明误差 $R_n(x)$ 是比 $(x - x_0)^n$ 高阶的无穷小，即 $\lim\limits_{x \to x_0} \dfrac{R_n(x)}{(x - x_0)^n} = 0$.

因为

$$R_n^{(k-1)}(x) = f^{(k-1)}(x) - \left[f^{(k-1)}(x_0) + \frac{f^{(k-1)}(x_0)}{1!}(x - x_0) + \cdots + \frac{f^{(n)}(x_0)}{(n-k)!}(x - x_0)^{n-k} \right]$$

$$(k = 0, 1, \cdots, n - 1),$$

$$R_n^{(n-1)}(x) = f^{(n-1)}(x) - \left[f^{(n-1)}(x_0) + \frac{f^{(n)}(x_0)}{1!}(x - x_0) \right],$$

当 $x \to a$ 时，$R_n^{(k)}(x)$ 及 $(x - x_0)^k$ 都为无穷小. 但最后一项关于 $R_n^{(n-1)}(x)$ 不能再求导，对此我们运用洛比达法则：

$$\lim_{x \to x_0} \frac{R_n(x)}{(x - x_0)^n} = \lim_{x \to x_0} \frac{R_n'(x)}{n(x - x_0)^{n-1}} = \cdots = \lim_{x \to x_0} \frac{R_n^{(n-1)}(x)}{n!(x - x_0)} = \frac{1}{n!}\lim_{x \to x_0}[f^{(n)}(x_0) - f^{(n)}(x_0)] = 0.$$

定理 2（泰勒中值定理）　如果函数 $f(x)$ 在含有 x_0 的某个邻域 $U(x_0)$ 内具有直到 $n+1$ 阶的导数，则对任意 $x \in U(x_0)$，$f(x)$ 可以表示为 $(x - x_0)$ 的一个 n 次多项式与一个余项 $R_n(x)$ 之和，即

$$f(x) = f(x_0) + f'(x_0)(x - x_0) + \frac{1}{2!}f''(x_0)(x - x_0)^2 + \cdots$$

$$+ \frac{1}{n!}f^{(n)}(x_0)(x - x_0)^n + R_n(x),$$

其中 $R_n(x) = \dfrac{f^{(n+1)}(\xi)}{(n+1)!}(x - x_0)^{n+1}$（$\xi$ 介于 x_0 与 x 之间）.

上式中的余项 $R_n(x)$ 也称为拉格朗日余项.

证 略.

特别地当 $n=0$ 时，就是我们熟悉的拉格朗日中值公式：$f(x)=f(x_0)+f'(\xi)(x-x_0)$.

此外，当 $x_0=0$ 时，带有拉格朗日余项的泰勒公式称为麦克劳林公式，即

$$f(x)=f(0)+f'(0)x+\frac{f''(0)}{2!}x^2+\cdots+\frac{f^{(n)}(0)}{n!}x^n+R_n(x),$$

或　　$$f(x)=f(0)+f'(0)x+\frac{f''(0)}{2!}x^2+\cdots+\frac{f^{(n)}(0)}{n!}x^n+o(x^n),$$

这里 $R_n(x)=\dfrac{f^{(n+1)}(\xi)}{(n+1)!}x^{n+1}$.

于是，上述函数 $f(x)$ 在 $x=0$ 点可得近似代替：

$$f(x)\approx f(0)+f'(0)x+\frac{f''(0)}{2!}x^2+\cdots+\frac{f^{(n)}(0)}{n!}x^n,$$

相应的误差为 $|R_n(x)|=\dfrac{N}{(n+1)!}|x|^{n+1}$.

二、常用的几个函数的麦克劳林展式

例 1 求 $f(x)=e^x$ 的 n 阶麦克劳林公式.

解 由于 $f'(x)=f''(x)=\cdots=f^{(n)}(x)=e^x$，

所以 $f(0)=f'(0)=f''(0)=\cdots=f^{(n)}(0)=1$.

取拉格朗日余项，得麦克劳林展式为

$$e^x=1+x+\frac{x^2}{2!}+\cdots+\frac{x^n}{n!}+\frac{e^{\theta x}}{(n+1)!}x^{n+1}\quad(0<\theta<1).$$

由公式可知 $e^x\approx 1+x+\dfrac{x^2}{2!}+\cdots+\dfrac{x^n}{n!}$.

估计误差：设 $x>0$，$|R_n(x)|=\left|\dfrac{e^{\theta x}}{(n+1)!}x^{n+1}\right|<\dfrac{e^x}{(n+1)!}x^{n+1}\ (0<\theta<1)$.

取 $x=1$，$e\approx 1+1+\dfrac{1}{2!}+\cdots+\dfrac{1}{n!}$，

其误差　$|R_n|<\dfrac{e}{(n+1)!}<\dfrac{3}{(n+1)!}$.

例 2 求 $f(x)=\sin x$ 的 n 阶麦克劳林公式.

解 因为 $f^{(n)}(x)=\sin\left(x+n\cdot\dfrac{\pi}{2}\right)$，$n=1,2,\cdots$，

所以 $f(0)=0, f'(0)=1, f''(0)=0, f'''(0)=-1, f^{(4)}(0)=0, \cdots$.

于是 $\sin x = x - \dfrac{1}{3!}x^3 + \dfrac{1}{5!}x^5 + \cdots + \dfrac{(-1)^{m-1}}{(2m-1)!}x^{2m-1} + R_{2m}(x)$.

误差 $|R_{2m}| \leqslant \dfrac{|x^{2m+1}|}{(2m+1)!}$.

如当 $m=1,2,3$ 时，有近似公式：

$$\sin x \approx x, \quad \sin x \approx x - \dfrac{1}{3!}x^3, \quad \sin x \approx x - \dfrac{1}{3!}x^3 + \dfrac{1}{5!}x^5.$$

误差分别不超过 $\left|\dfrac{1}{3!}x^3\right|$，$\left|\dfrac{1}{5!}x^5\right|$，$\left|\dfrac{1}{7!}x^7\right|$.

按此种方法，可以得到常用的初等函数的麦克劳林公式：

$$e^x = 1 + x + \dfrac{x^2}{2!} + \cdots + \dfrac{x^n}{n!} + o(x^{n+1}),$$

$$\sin x = x - \dfrac{x^3}{3!} + \dfrac{x^5}{5!} - \cdots + (-1)^n \dfrac{x^{2n+1}}{(2n+1)!} + o(x^{2n+2}),$$

$$\cos x = 1 - \dfrac{x^2}{2!} + \dfrac{x^4}{4!} - \dfrac{x^6}{6!} + \cdots + (-1)^n \dfrac{x^{2n}}{(2n)!} + o(x^{2n}),$$

$$\ln(1+x) = x - \dfrac{x^2}{2} + \dfrac{x^3}{3} - \cdots + (-1)^n \dfrac{x^{n+1}}{n+1} + o(x^{n+1}),$$

$$\dfrac{1}{1-x} = 1 + x + x^2 + \cdots + x^n + o(x^n),$$

$$(1+x)^m = 1 + mx + \dfrac{m(m-1)}{2!}x^2 + \cdots + \dfrac{m(m-1)\cdots\cdots(m-n+1)}{n!}x^n + o(x^n).$$

例 3 将 $f(x)=x^4+3x^2+4$ 按 $(x-1)$ 的幂展开.

解 取 $x_0=1$，因为

$f(x)=x^4+3x^2+4$，$f(1)=8$，

$f'(x)=4x^3+6x$，$f'(1)=10$，

$f''(x)=12x^2+6$，$f''(1)=18$，

$f'''(x)=24x$，$f'''(1)=24$，

$f^{(4)}(x)=24$，$f^{(4)}(1)=24$.

于是 $f(x)=8+10(x-1)+9(x-1)^2+6(x-1)^3+(x-1)^4$.

例 4 求函数 $f(x)=e^{x^2}$ 的带有皮亚诺余项的麦克劳林公式.

解 因为 $e^x = 1 + x + \dfrac{x^2}{2!} + \cdots + \dfrac{x^n}{n!} + o(x^{n+1})$，

用 x^2 代替公式中的 x，即得

$$e^{x^2} = 1 + x^2 + \frac{x^4}{2!} + \cdots + \frac{x^{2n}}{n!} + o(x^{2n+2}).$$

例5 利用泰勒公式的麦克劳林公式求 $\lim\limits_{x \to 0} \dfrac{e^{x^2} + 2\cos x - 3}{x^4}$.

解 由于 $\quad e^{x^2} = 1 + x^2 + \dfrac{1}{2!}x^4 + o(x^6)$，

$$\cos x = 1 - \frac{x^2}{2!} + \frac{x^4}{4!} + o(x^4) ,$$

所以 $e^{x^2} + 2\cos x - 3 = \left(\dfrac{1}{2!} + 2 \cdot \dfrac{1}{4!} \right) x^4 + o(x^4)$，

故 原式 $= \lim\limits_{x \to 0} \dfrac{\dfrac{7}{12}x^4 + o(x^4)}{x^4} = \dfrac{7}{12}$.

习题 3-3

1. 按 $(x-2)$ 的幂展开多项式 $f(x) = x^4 + x^2 - 3x + 2$.

2. 应用麦克劳林公式，按 x 的幂展开函数 $f(x) = (x^2 - 3x + 1)^3$.

3. 求函数 $f(x) = \arctan x$ 的麦克劳林展式.

4. 求函数 $f(x) = \ln x$ 按 $(x-2)$ 的幂展开的带有皮亚诺余项的 n 阶泰勒公式.

5. 求函数 $f(x) = \dfrac{1}{x}$ 按 $(x-1)$ 的幂展开的带有拉格朗日余项的 n 阶泰勒公式.

6. 求函数 $f(x) = \tan x$ 的 3 阶麦克劳林公式.

7. 求函数 $f(x) = x^2 e^x$ 的带有皮亚诺余项的 n 阶麦克劳林公式.

8. 验证当 $0 < x \leqslant \dfrac{1}{2}$ 时，按公式 $e^x \approx 1 + x + \dfrac{x^2}{2} + \dfrac{x^3}{6}$ 计算 e^x 的近似值时，所产生的误差小于 0.01，并求 $\sqrt{e}$ 的近似值，使误差小于 0.01.

9. 应用 3 阶泰勒公式求下列各数的近似值，并计算误差.

（1）$\sqrt[3]{30}$；（2）$\cos 72°$.

10. 用泰勒公式求下列极限.

（1）$\lim\limits_{x \to +\infty} (\sqrt[4]{x^4 - 2x^3} - \sqrt[3]{3x^2 + x^3})$；（2）$\lim\limits_{x \to 0} \dfrac{\cos x - e^{-\frac{x^2}{2}}}{x^2[x + \ln(1-x)]}$.

第4节　函数的单调性与凹凸性

函数的单调性与凹凸性是函数的重要特性之一. 限于章节课时的限制, 本节简单讨论利用函数导数研究函数的单调性和函数图像的凹凸性.

一、函数的单调性

我们已经知道函数导数的几何意义, 即函数所表示的曲线在可导点处的切线的斜率. 显然导数大于零与切线斜率为正是对应的, 导数小于零与曲线上对应的切线斜率为负是对应的.

观察图 3-5（a）, 曲线 $y=f(x)$ 在区间 (a,b) 内是上升的, 其切线（除个别点处的切线平行于 x 轴外）斜率都为正. 整体来说, 函数图像沿 x 轴正向上升对应着导数非负; 反之亦然. 如图 3-5（b）所示, 函数图像 $y=f(x)$ 在 (c,d) 内正向下降, 其对应着切线斜率小于 0, 即导数非正. 显然, 可以通过导数的符号来判断函数的单调性.

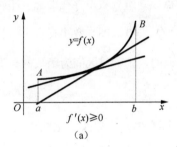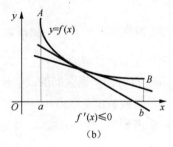

图 3-5

一般有下面的定理:

定理 1　设函数 $f(x)$ 在区间 $[a,b]$ 上连续, 在区间 (a,b) 内可导,

（1）若在 (a,b) 内 $f'(x)>0$, 则函数 $f(x)$ 在区间 $[a,b]$ 上单调增加;

（2）若在 (a,b) 内 $f'(x)<0$, 则函数 $f(x)$ 在区间 $[a,b]$ 上单调减少.

证　在区间 (a,b) 内任取两点 x_1, x_2, 不妨设 $x_1<x_2$, 由条件知函数 $f(x)$ 在 $[x_1,x_2]$ 上满足拉格朗日中值定理的条件, 于是, 存在 $\xi\in(x_1,x_2)$, 使得

$$f(x_2)-f(x_1)=f'(\xi)(x_2-x_1).$$

由于 $x_2-x_1>0$, 故 $f(x_2)-f(x_1)$ 与 $f'(\xi)$ 同号. 于是

（1）若在 (a,b) 内 $f'(x)>0$, 则 $f(x_2)-f(x_1)>0$, 即函数 $f(x)$ 在区间 $[a,b]$ 上单调增加;

（2）若在 (a,b) 内 $f'(x)<0$, 则 $f(x_2)-f(x_1)<0$, 即函数 $f(x)$ 在区间 $[a,b]$ 上单调减少.

说明：

（1）将此定理中的闭区间换成开区间（包括无穷区间），结论仍成立.

（2）函数导数的符号是判断函数单调性的充分条件而非必要条件，即如果函数 $f(x)$ 在某区间内单调增加（或减少），不一定得出 $f'(x) > 0$（或 $f'(x) < 0$），可能 $f'(x) \geq 0$（或 $f'(x) \leq 0$），如函数 $f(x) = x^3$ 在 **R** 上单调增加，但 $f'(x) = 3x^2 \geq 0$，一般情况下，可以证明函数 $f(x)$ 在区间内可导且有 $f'(x) \geq 0$（或 $f'(x) \leq 0$）等价于函数单调增加（或单调减少），但不一定严格单调增加（或严格单调减少）.

（3）函数的单调性是一个函数在一段区间上的性质，因此判断函数的单调性要用某个区间上导数的符号而非某点的导数的符号. 在区间内个别导数为 0 要视情况而定.

已知函数 $f(x)$ 在区间 I 内可导，若存在点 $x_0 \in I$，使得 $f'(x_0) = 0$，则称点 x_0 为函数 $f(x)$ 的**驻点**.

一般地，在判断函数的单调性时，如果函数 $f(x)$ 的导数 $f'(x)$ 在区间上符号不定，应先确定单调区间的分界点. 往往驻点可能是增、减区间的分界点，如 $y = x^2$ 的导数 $y' = 2x$ 在 $x=0$ 点的导数为 0，是分界点. 一阶导数不存在的点（不可导点）也可能是增、减区间的分界点. 如函数 $y = \dfrac{1}{x}$ 在 $x = 0$ 点的导数不存在.

如果函数在其定义域的某个区间内是单调的，则称该区间为函数的**单调区间**.

确定函数 $f(x)$ 的单调区间的一般步骤：

（1）写出函数的定义域；

（2）求出函数的导数和驻点，及导数不存在的点，以及由这些点划分的各个区间；

（3）判断上述各个区间上导数 $f'(x)$ 的符号，根据 $f'(x)$ 的正负确定函数 $f(x)$ 的相应区间上的单调性.

例1 讨论函数 $y = x^2 + 2x$ 的单调性.

解 函数的定义域为 $(-\infty, +\infty)$. 又 $y' = 2x + 2$，令 $y' = 0$，得 $x = -1$ 为驻点.

在 $(-\infty, -1)$ 内，$y' < 0$，故在 $(-\infty, -1]$ 上函数单调减少；

在 $(-1, +\infty)$ 内，$y' > 0$，故在 $(-1, +\infty)$ 上函数单调增加.

例2 讨论函数 $y = |x|$ 的单调区间.

解 已知函数 $y = |x|$ 的定义域为 **R**.

因为 $y = |x|$ 在 $x = 0$ 点不可导，所以 0 点为不可导点.

在区间 $(-\infty, 0)$ 内，$y' = -1 < 0$，因此在 $(-\infty, 0)$ 内函数单调减少；

在区间 $(0, +\infty)$ 内，$y' = 1 > 0$，因此在 $(0, +\infty)$ 内函数单调增加.

例3 证明方程 $x^3 + x + 1 = 0$ 在区间 $(-1, 0)$ 内有且只有一个实根.

证 构造函数 $f(x) = x^3 + x + 1$.

显然，函数 $f(x) = x^3 + x + 1$ 在 $[-1,0]$ 上连续，在 $(-1,0)$ 内可导．由于 $f'(x) = 3x^2 + 1 > 0$，因此函数 $f(x)$ 在 $[-1,0]$ 上单调增加．又 $f(-1) = -1 < 0$，$f(0) = 1$，根据零点定理，$f(x)$ 在 $(-1,0)$ 内有一个零点．又根据函数在 $[-1,0]$ 内单调增加，所以函数图像与 x 轴至多有一个交点．因此，方程 $x^3 + x + 1 = 0$ 在区间 $(-1,0)$ 内有且只有一个实根．

二、函数的凹凸性

在学习初等函数中我们已知道，即使都是单调函数，单调增加（减少）也有不同．如函数 $y = x$，$y = e^x$，$y = \sqrt{x}$，$y = x^2$，这些函数在定义域内都是单调增加的，但增加的方式却略有不同．比如函数 $y = x$ 为线性增加；函数 $y = \sqrt{x}$ 刚开始增加快，慢慢变得增加缓慢，整个图像向上鼓出；而函数 $y = x^2$ 在 $(0, +\infty)$ 内开始增加缓慢，越向正方向延伸，增加越快，在 $(0, +\infty)$ 内图像向下鼓．可见，虽然都是单调增加（减少），但具体也会不同．下面我们从解析的角度讨论函数的图像的不同变化．

定义 设函数 $f(x)$ 在区间 I 内连续，如果对于 I 内任意两点 x_1，x_2，恒有

$$f\left(\frac{x_1 + x_2}{2}\right) < \frac{f(x_1) + f(x_2)}{2},$$

则称函数 $f(x)$ 在区间 I 上的图形是（向下）凹的（也称凹弧），此时函数 $f(x)$ 称为凹函数；

如果恒有 $f\left(\dfrac{x_1 + x_2}{2}\right) > \dfrac{f(x_1) + f(x_2)}{2}$，则称函数 $f(x)$ 在区间 I 上的图形是（向上）凸的（也称凸弧），此时函数 $f(x)$ 称为凸函数．

我们从几何直观上观察这一定义，如图 3-6 所示．

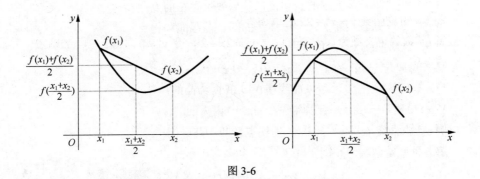

图 3-6

从图 3-6 可以看出，对于凹的图形上的连接点 $(x_1, f(x_1))$，$(x_2, f(x_2))$ 的线段上的点，都在凹弧的上方；同样，线段上的点都在凸弧的下方．

我们可以进一步改进和推广上述定义，即若对于 I 内任意两点 x_1，x_2，对任意的 $t \in (0,1)$，

都有
$$f[tx_1 + (1-t)x_2] < tf(x_1) + (1-t)f(x_2)$$
$$\{或 f[tx_1 + (1-t)x_2] > tf(x_1) + (1-t)f(x_2)\},$$
则称函数 $f(x)$ 为区间 I 上的凸函数（或凹函数）.

显然，对于凹的曲线，随着 x 的增大，其上的切线斜率也逐渐增大，即 $f'(x)$ 是单调增加的；而对于凸的曲线，其上的切线斜率随着 x 的增大而逐渐减小，即 $f'(x)$ 是单调减少的. 因此有下面的定理：

定理 2　设函数 $f(x)$ 在开区间 I 内可导，且该函数在 I 上是凸（凹）的，等价于：对于 $\forall x_1, x_2 \in I$，且 $x_1 < x_2$，有 $f'(x_1) \leqslant f'(x2)$ $[f'(x_1) \geqslant f'(x_2)]$.

证　略.

推论　如果函数 $f(x)$ 在开区间 I 内二阶可导，则

（1）若在区间 I 内 $f''(x) > 0$，则函数 $f(x)$ 是 I 上的凹函数；

（2）若在区间 I 内 $f''(x) > 0$，则函数 $f(x)$ 是 I 上的凸函数.

例 4　讨论函数 $y = x + \sin x$ 的凹凸性.

解　$y' = 1 + \cos x$，$y'' = -\sin x$.

因为在 $[2k\pi, (2k+1)\pi]$ 上，$y'' = -\sin x < 0$，所以在区间 $(2k\pi, (2k+1)\pi)$ 内，函数 $y = x + \sin x$ 是凸的. 在 $[(2k-1)\pi, 2k\pi]$ 上，$y'' = -\sin x > 0$，所以在区间 $((2k-1)\pi, 2k\pi)$ 内，函数 $y = x + \sin x$ 是凹的.

拐点：连续曲线 $y = f(x)$ 上凹弧与凸弧的分界点称为该曲线的拐点.

确定曲线 $y = f(x)$ 的凹、凸区间和拐点的步骤：

（1）确定函数 $y = f(x)$ 的定义域；

（2）求出二阶导数 $f''(x)$；

（3）求使二阶导数为零的点和使二阶导数不存在的点；

（4）判断或列表判断，确定出曲线的凹、凸区间和拐点.

例 5　判断曲线 $y = x^3$ 的凹凸性.

解　$y' = 3x^2$，$y'' = 6x$. 令 $y'' = 0$，得 $x = 0$.

当 $x < 0$ 时，$y'' < 0$，所以曲线在 $(-\infty, 0]$ 内为凸的；

当 $x > 0$ 时，$y'' > 0$，所以曲线在 $[0, +\infty)$ 内为凹的.

例 6　求曲线 $y = 3x^4 - 4x^3 + 1$ 的拐点及凹、凸区间.

解　（1）定义域为 $(-\infty, +\infty)$.

（2）$y' = 12x^3 - 12x^2$，$y'' = 36x^2 - 24x = 36x\left(x - \dfrac{2}{3}\right)$. 令 $y'' = 0$，得 $x_1 = 0$，$x_2 = \dfrac{2}{3}$.

（3）列表：

	$(-\infty, 0)$	0	$(0, 2/3)$	2/3	$(2/3, +\infty)$
$f''(x)$	+	0	−	0	+
$f(x)$	凹	1	凸	11/27	凹

在区间 $(-\infty, 0]$ 和 $\left[\dfrac{2}{3}, +\infty\right)$ 上曲线是凹的，在区间 $\left[0, \dfrac{2}{3}\right]$ 上曲线是凸的；点 $(0, 1)$ 和 $\left(\dfrac{2}{3}, \dfrac{11}{27}\right)$ 是曲线的拐点.

习题 3-4

1．判断函数 $f(x) = \arctan x + x$ 的单调性.

2．确定下列函数的单调区间：

（1） $y = 2x^3 - x^2 - 8x - 2$ ；（2） $y = x + \dfrac{1}{x}(x > 0)$ ；

（3） $y = \dfrac{10}{4x^3 - 9x^2 + 6x}$ ；（4） $y = \ln(x - \sqrt{1 + x^2})$.

3．设 $f(x)$ 单调增加，有连续的导数，且 $f(0) = 0$ ， $f(a) = b$ ，求证：

$$\int_0^a f(x)\mathrm{d}x + \int_0^b g(x)\mathrm{d}x = ab .$$

4．证明函数 $f(x) = \left(1 + 2^x\right)^{\frac{1}{x}}$ 在 $(0, +\infty)$ 内单调减少.

5．设 $f(x)$ 在 $[0, a]$ 上二次可导且 $f(0) = 0$ ， $f''(x) = 0$ ，求证： $\dfrac{f(x)}{x}$ 在 $[0, a]$ 上单调减少.

6．讨论方程 $\ln x = ax$ (其中 $a > 0$) 有几个实根.

7．设 $f(x)$ 在 (a, b) 内可导，证明：对于 $\forall x_0 \in (a, b)$ ，有 $f(x_0) + f'(x_0)(x - x_0) > f(x_0) \Leftrightarrow f'(x)$ 在 (a, b) 内为单调减函数.

8．判定下列曲线的凹凸性：

（1） $y = -x^2 - 4x$ ；（2） $y = x + \dfrac{1}{x}(x > 0)$ ；（3） $y = x \arctan x$.

9．如果点 $(1, 3)$ 为曲线 $y = ax^3 + bx^2$ 的拐点，问： a, b 应取何值？

第 5 节　函数的极值与最值

一、函数的极值及其求法

在本章开始部分，我们已经介绍了函数极值的概念，知道函数的极大值和极小值概念是局部性的. 如果 $f(x_0)$ 是函数 $f(x)$ 的一个极大值，那只是就 x_0 附近的一个局部范围来说，$f(x_0)$ 是 $f(x)$ 的一个最大值；如果就 $f(x)$ 的整个定义域来说，$f(x_0)$ 不一定是最大值. 极小值情况类似. 在函数取得极值处，曲线上的切线是水平的. 但曲线上有水平切线的地方，函数不一定取得极值.

下面我们来讨论函数取得极值的必要条件和充分条件.

由费马定理可得必要条件：

定理 1　设函数 $f(x)$ 在点 x_0 处可导，且在 x_0 处取得极值，那么函数在 x_0 处的导数为零，即 $f'(x_0) = 0$.

定理 1 可叙述为：可导函数 $f(x)$ 的极值点必定是函数的驻点. 但是反过来，函数 $f(x)$ 的驻点却不一定是极值点. 此外，函数导数不存在的点也可能是极值点.

考察函数 $f(x) = x^3$ 在 $x = 0$ 处的情况. 显然 $x = 0$ 是函数 $f(x) = x^3$ 的驻点，但 $x = 0$ 却不是函数 $f(x) = x^3$ 的极值点. 因此，求得可能的极值点（驻点或导数不存在的点）后，还需进一步判断，也就有下面的充分条件.

定理 2　（第一充分条件）设函数 $f(x)$ 在点 x_0 处连续，在 x_0 的某去心邻域 $\overset{\circ}{U}(x_0, \delta)$ 内可导.

（1）若 $x \in (x_0 - \delta, x_0)$ 时，$f'(x) > 0$，而 $x \in (x_0, x_0 + \delta)$ 时，$f'(x) < 0$，则函数 $f(x)$ 在 x_0 处取得极大值；

（2）若 $x \in (x_0 - \delta, x_0)$ 时，$f'(x) < 0$，而 $x \in (x_0, x_0 + \delta)$ 时，$f'(x) > 0$，则函数 $f(x)$ 在 x_0 处取得极小值；

（3）如果 $x \in \overset{\circ}{U}(x_0, \delta)$ 时，$f'(x)$ 不改变符号，则函数 $f(x)$ 在 x_0 处没有极值.

定理 2′　（第一充分条件）设函数 $f(x)$ 在含 x_0 的区间 (a, b) 内连续，在 (a, x_0) 及 (x_0, b) 内可导.

（1）如果在 (a, x_0) 内 $f'(x) > 0$，在 (x_0, b) 内 $f'(x) > 0$，那么函数 $f(x)$ 在 x_0 处取得极大值；

（2）如果在 (a, x_0) 内 $f'(x) < 0$，在 (x_0, b) 内 $f'(x) < 0$，那么函数 $f(x)$ 在 x_0 处取得极小值；

（3）如果在 (a, x_0) 及 (x_0, b) 内 $f'(x)$ 的符号相同，那么函数 $f(x)$ 在 x_0 处没有极值.

定理 2 也可简单地叙述为：当 x 在 x_0 的邻近渐增地经过 x_0 时，如果 $f'(x)$ 的符号由负变正，那么 $f(x)$ 在 x_0 处取得极小值；如果 $f'(x)$ 的符号由正变负，那么 $f(x)$ 在 x_0 处取得极大值；如果 $f'(x)$ 的符号并不改变，那么 $f(x)$ 在 x_0 处没有极值.

确定极值点和极值的步骤：

（1）求出导数 $f'(x)$；

（2）求出 $f(x)$ 的全部驻点和不可导点；

（3）列表判断（考察 $f'(x)$ 的符号在每个驻点和不可导点的左右邻近的符号情况，确定该点是否是极值点，如果是极值点，还要按定理 2 确定对应的函数值是极大值还是极小值）；

（4）确定出函数的所有极值点和极值.

例1 求出函数 $f(x) = x^3 - 3x^2 - 9x + 5$ 的极值.

解 $f'(x) = 3x^2 - 6x - 9 = 3(x+1)(x-3)$.

令 $f'(x) = 0$，得驻点 $x_1 = -1, x_2 = 3$.

列表讨论：

x	$(-\infty, -1)$	-1	$(-1, 3)$	3	$(3, +\infty)$
$f'(x)$	+	0		0	+
$f(x)$	上升	极大值	下降	极小值	上升

所以极大值为 $f(-1) = 10$，极小值为 $f(3) = -22$.

例2 求函数 $f(x) = (x-4)\sqrt[3]{(x+1)^2}$ 的极值.

解 显然函数 $f(x)$ 在 $(-\infty, +\infty)$ 内连续，$f'(x) = \dfrac{5(x-1)}{3\sqrt[3]{x+1}}$.

令 $f'(x) = 0$，得驻点 $x = 1$，$x = -1$ 为 $f(x)$ 的不可导点；

列表判断：

x	$(-\infty, -1)$	-1	$(-1, 1)$	1	$(1, +\infty)$
$f'(x)$	+	不可导	−	0	+
$f(x)$	上升	0	下降	$-3\sqrt[3]{4}$	上升

所以极大值为 $f(-1) = 0$，极小值为 $f(1) = -3\sqrt[3]{4}$.

如果 $f(x)$ 存在二阶导数且在驻点处的二阶导数不为零，则有下列定理.

定理3 （第二充分条件）设函数 $f(x)$ 在点 x_0 处具有二阶导数且 $f'(x_0) = 0$，$f''(x_0) \neq 0$，那么

（1）当 $f''(x_0) < 0$ 时，函数 $f(x)$ 在 x_0 处取得极大值；

（2）当 $f''(x_0) > 0$ 时，函数 $f(x)$ 在 x_0 处取得极小值.

证 我们这里只证明 $f''(x_0) < 0$ 的情况，类似地可以证明 $f''(x_0) > 0$ 的情况. 由二阶导数的定义有

$$f''(x_0) = \lim_{x \to x_0} \frac{f'(x) - f'(x_0)}{x - x_0} < 0 .$$

根据函数极限的局部保号性，当 x 在 x_0 的足够小的去心邻域内时，

$$\frac{f'(x)-f'(x_0)}{x-x_0}<0 \ . \ \text{而} \ f'(x_0)=0 \ , \ \text{所以上式即为} \ \frac{f'(x)}{x-x_0}<0 \ .$$

于是对于去心邻域内的 x 来说，$f'(x)$ 与 $x-x_0$ 符号相反.

因此，当 $x-x_0<0$，即 $x<x_0$ 时，$f'(x)>0$；当 $x-x_0>0$，即 $x>x_0$ 时，$f'(x)<0$.

根据定理 2，$f(x)$ 在 x_0 处取得极大值.

类似地可以证明情形（2）.

注 如果函数 $f(x)$ 在驻点 x_0 处的二阶导数 $f''(x_0) \ne 0$，那么点 x_0 一定是极值点，并可以按 $f''(x_0)$ 的符号来判定 $f(x_0)$ 是极大值还是极小值. 但如果 $f''(x_0)=0$，则需要讨论，可能是极值点，也可能不是极值点.

例如，讨论函数 $f(x)=x^4$，$g(x)=x^3$ 在点 $x=0$ 是否有极值.

因为 $f'(x)=4x^3$，$f''(x)=12x^2$，所以 $f'(0)=0$，$f''(0)=0$. 但当 $x<0$ 时，$f'(x)<0$，当 $x>0$ 时，$f'(x)>0$，所以 $f(0)$ 为极小值. 而 $g'(x)=3x^2$，$g''(x)=6x$，所以 $g'(0)=0$，$g''(0)=0$，但 $g(0)$ 不是极值.

例 3 求出函数 $f(x)=x^3+3x^2-24x-30$ 的极值.

解 $f'(x)=3x^2+6x-24 =3(x+4)(x-2)$.

令 $f'(x)=0$，得驻点 $x_1=-4$，$x_2=2$. 由于 $f''(x)=6x+6$，$f''(-4)=-18<0$，所以极大值为 $f(-4)=50$，而 $f''(2)=18>0$，所以极小值为 $f(2)=-58$.

函数 $f(x)=x^3+3x^2-24x-30$ 的大致图形如下：

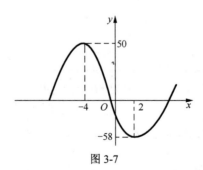

图 3-7

注 当 $f''(x_0)=0$ 时，$f(x)$ 在点 x_0 处不一定取得极值，此时仍用定理 2 判断. 函数的不可导点，也可能是函数的极值点.

例 4 求出函数 $f(x)=1-(x+1)^{\frac{2}{3}}$ 的极值.

解 由于 $f'(x)=-\frac{2}{3}(x+1)^{-\frac{1}{3}}(x\ne-1)$，所以 $x=-1$ 时，函数 $f(x)$ 的导数 $f'(x)$ 不

存在.

但当 $x < -1$ 时，$f'(x) > 0$；当 $x > -1$ 时，$f'(x) < 0$. 所以 $f(-1) = 1$ 为 $f(x)$ 的极大值. 函数 $f(x) = 1 - (x+1)^{\frac{2}{3}}$ 的大致图形如下：

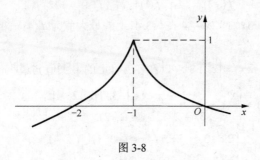

图 3-8

例 5　求函数 $f(x) = (x^2-1)^3 + 1$ 的极值.

解　$f'(x) = 6x(x^2-1)^2$，令 $f'(x) = 0$，求得驻点 $x_1 = -1, x_2 = 0, x_3 = 1$.

又 $f''(x) = 6(x^2-1)(5x^2-1)$，所以 $f''(0) = 6 > 0$.

因此 $f(x)$ 在 $x = 0$ 处取得极小值，极小值为 $f(0) = 0$.

因为 $f''(-1) = f''(1) = 0$，所以用定理 3 无法判别. 而在 $x = -1$ 的左、右邻域内，$f'(x) < 0$，所以 $f(x)$ 在 $x = -1$ 处没有极值；同理，$f(x)$ 在 $x = 1$ 处也没有极值.

二、最值问题

1. 极值与最值的关系

设函数 $f(x)$ 在闭区间 $[a,b]$ 上连续，则函数的最大值和最小值一定存在. 函数的最大值和最小值有可能在区间的端点取得. 如果最大值不在区间的端点取得，则必在开区间 (a,b) 内取得. 在这种情况下，最大值一定是函数的极大值. 最值是一个全局概念，因此，函数在闭区间 $[a,b]$ 上的最大值一定是函数的所有极大值和函数在区间端点的函数值中最大者. 同理，函数在闭区间 $[a, b]$ 上的最小值一定是函数的所有极小值和函数在区间端点的函数值中最小者.

2. 最大值和最小值的求法

设 $f(x)$ 在 (a,b) 内的驻点和不可导点（它们是可能的极值点）为 $x_1, x_2, \cdots, x_n$，则比较 $f(a), f(x_1), f(x_2), \cdots, f(x_n), f(b)$ 的大小，其中最大的便是函数 $f(x)$ 在 $[a,b]$ 上的最大值，最小的便是函数 $f(x)$ 在 $[a,b]$ 上的最小值.

求最大值和最小值的步骤：

（1）求驻点和不可导点.

（2）求区间端点及驻点和不可导点的函数值，比较大小，哪个大，哪个就是最大值；哪个小，哪个就是最小值.

注 如果区间内只有一个极值，则这个极值就是最值（最大值或最小值）.

例6 求函数 $y = 2x^3 + 3x^2 - 12x + 14$ 在 $[-3, 4]$ 上的最大值和最小值.

解 $f'(x) = 6x^2 + 6x - 12$. 解方程 $f'(x) = 0$，得 $x_1 = -2, x_2 = 1$.

由于 $f(-3) = 23$, $f(-2) = 34$, $f(1) = 7$, $f(4) = 142$,

因此函数 $y = 2x^3 + 3x^2 - 12x + 14$ 在 $[-3, 4]$ 上的最大值为 $f(4) = 142$,

最小值为 $f(1) = 7$.

例7 求函数 $f(x) = |x^2 - 3x + 2|$ 在 $[-3, 4]$ 上的最大值与最小值.

解 由于 $f(x) = \begin{cases} x^2 - 3x + 2, & x \in [-3, 1] \cup [2, 4], \\ -x^2 + 3x - 2, & x \in (1, 2), \end{cases}$

所以 $f'(x) = \begin{cases} 2x - 3, & x \in (-3, 1) \cup (2, 4), \\ -2x + 3, & x \in (1, 2). \end{cases}$

求得 $f(x)$ 在 $(-3, 4)$ 内的驻点为 $x = \dfrac{3}{2}$，不可导点为 $x_1 = 1, x_2 = 2$，

而 $f(-3) = 20, f(1) = 0$, $f\left(\dfrac{3}{2}\right) = \dfrac{1}{4}$, $f(2) = 0, f(4) = 6$，

经比较，$f(x)$ 在 $x = -3$ 处取得最大值 20, 在 $x_1 = 1, x_2 = 2$ 处取得最小值 0.

习题 3-5

1. 求下列函数的极值：

（1）$y = 2x^3 - 3x^2 - 12x + 2$；（2）$y = x - \ln(1 + x)$；

（3）$y = \dfrac{3x^2 + 4x + 4}{x^2 + x + 1}$；　　　　（4）$y = x^x$.

2. 设 $y = y(x)$ 是由方程 $2y^3 - 2y^2 + 2xy - x^2 = 1$ 确定的，求 $y = y(x)$ 的驻点，并判定其驻点是否是极值点.

3. 求函数 $y = (x - 5)\sqrt[3]{x^2}$ 的单调区间与极值点.

4. 求下列函数的最大值：

（1）$y = 2x^3 - 3x^2, -1 \leqslant x \leqslant 4$；（2）$y = 2x + \sqrt{1 + x}, -1 \leqslant x \leqslant 3$.

5. 问：函数 $y = x^2 - \dfrac{54}{x}(x < 0)$ 在何处取得最小值？

6. 在椭圆 $\dfrac{x^2}{a^2} + \dfrac{y^2}{b^2} = 1$ 内嵌入有最大面积且边平行于椭圆轴的矩形，求该矩形的面积.

第6节　函数图形的描绘

为了确定函数图形的形状，我们要知道当图形由负向正往前走时是上升的还是

下降的，以及图形是如何弯曲的. 借助计算机，我们可以迅速而准确地描绘出初等函数甚至许多复杂的非初等函数的图形. 这样，借助图形对于我们研究函数的特性和变化规律，以及求方程近似解等问题都有帮助. 但在不要求精度时，我们可以利用导数粗略地描绘函数的图形. 本节就利用导数判定函数的单调性，以及函数的凸凹性和拐点等几何特征来粗略描绘函数的图形.

一、渐近线

当曲线 $y = f(x)$ 上的一动点 P 沿曲线移向无穷点时，如果点 P 到某定直线 L 的距离趋向于零，那么直线 L 就称为曲线 $y = f(x)$ 的一条渐近线.

1. 铅直渐近线（垂直于 x 轴的渐近线）

如果 $\lim\limits_{x \to x_0^+} f(x) = \infty$ 或 $\lim\limits_{x \to x_0^-} f(x) = \infty$，那么 $x = x_0$ 就是曲线 $y = f(x)$ 的一条铅直渐近线. 例如，曲线 $y = \dfrac{1}{(x+2)(x-3)}$ 有两条铅直渐近线：$x = -2$，$x = 3$.

2. 水平渐近线（平行于 x 轴的渐近线）

如果 $\lim\limits_{x \to +\infty} f(x) = b$ 或 $\lim\limits_{x \to -\infty} f(x) = b$（$b$ 为常数），那么 $y = b$ 就是曲线 $y = f(x)$ 的一条水平渐近线. 例如，曲线 $y = \arctan x$ 有两条水平渐近线：$y = \dfrac{\pi}{2}$，$y = -\dfrac{\pi}{2}$.

3. 斜渐近线

如果 $\lim\limits_{x \to +\infty} [f(x) - (ax+b)] = 0$ 或 $\lim\limits_{x \to -\infty} [f(x) - (ax+b)] = 0$（$a, b$ 为常数），那么 $y = ax + b$ 就是曲线 $y = f(x)$ 的一条斜渐近线.

注 如果（1）$\lim\limits_{x \to \infty} \dfrac{f(x)}{x}$ 不存在，（2）$\lim\limits_{x \to \infty} \dfrac{f(x)}{x} = a$ 存在，而 $\lim\limits_{x \to \infty} [f(x) - ax]$ 不存在，那么曲线 $y = f(x)$ 无斜渐近线.

斜渐近线的求法：

求出 $\lim\limits_{x \to \infty} \dfrac{f(x)}{x} = a$，$\lim\limits_{x \to \infty} [f(x) - ax] = b$，则 $y = ax + b$ 就是曲线 $y = f(x)$ 的斜渐近线.

例 1 求曲线 $f(x) = \dfrac{2(x-2)(x+3)}{x-1}$ 的渐近线.

解 $D : (-\infty, 1) \bigcup (1, +\infty)$. 因为 $\lim\limits_{x \to 1^+} f(x) = -\infty$，$\lim\limits_{x \to 1^-} f(x) = +\infty$，所以 $x = 1$ 是铅直渐近线. 又因为

$$\lim\limits_{x \to \infty} \frac{f(x)}{x} = \lim\limits_{x \to \infty} \frac{2(x-2)(x+3)}{x(x-1)} = 2,$$

$$\lim\limits_{x \to \infty} \left[\frac{2(x-2)(x+3)}{x-1} - 2x \right] = \lim\limits_{x \to \infty} \frac{2(x-2)(x+3) - 2x(x-1)}{x-1} = 4,$$

所以 $y = 2x + 4$ 为斜渐近线.

二、描绘函数图形的一般步骤

（1）确定函数定义域，并求函数的一阶、二阶导数；

（2）求出使一阶、二阶导数为零的点以及一阶、二阶导数不存在的点；

（3）列表分析，确定曲线的单调性和凹凸性；

（4）确定曲线的渐近性；

（5）确定并描出曲线上极值对应的点、拐点、与坐标轴的交点、其他特殊点；

（6）连接这些点，画出函数的图形.

例 2 画出函数 $y = x^3 - x^2 - x + 1$ 的图形.

解 （1）函数的定义域为 $(-\infty, +\infty)$.

（2）$y' = 3x^2 - 2x - 1 = (3x+1)(x-1)$. 令 $y' = 0$，得 $x_1 = -\dfrac{1}{3}$，$x_2 = 1$. 再令 $y'' = 0$，

得 $x = \dfrac{1}{3}$.

（3）列表分析：

x	$(-\infty, -1/3)$	$-1/3$	$(-1/3, 1/3)$	$1/3$	$(1/3, 1)$	1	$(1, +\infty)$
Y'	+	0	−	−	−	0	+
y''	−	−	−	0	+	+	+
Y	↗	极大	↘	拐点	↘	极小	↗

因为当 $x \to +\infty$ 时，$y \to +\infty$，当 $x \to -\infty$ 时，$y \to -\infty$，故无水平渐近线.

计算特殊点的函数值：

$$f\left(-\frac{1}{3}\right) = \frac{32}{27}, \quad f\left(\frac{1}{3}\right) = \frac{16}{27}, \quad f(1) = 0, \quad f(0) = 1, \quad f(-1) = 0, \quad f\left(\frac{3}{2}\right) = \frac{5}{8}.$$

描点连线，画出图形：

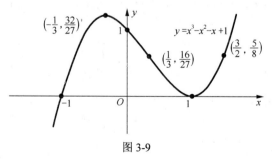

图 3-9

例 3 作函数 $y = \dfrac{1}{\sqrt{2\pi}} \mathrm{e}^{-\frac{1}{2}x^2}$ 的图形.

解 函数为偶函数，定义域为 $(-\infty, +\infty)$，图形关于 y 轴对称. $y' = -\dfrac{x}{\sqrt{2\pi}} e^{-\frac{1}{2}x^2}$，

$y'' = \dfrac{(x+1)(x-1)}{\sqrt{2\pi}} e^{-\frac{1}{2}x^2}$. 令 $y' = 0$，得驻点 $x = 0$；再令 $y'' = 0$，得 $x_1 = -1$，$x_2 = 1$.

列表：

x	$(-\infty,-1)$	-1	$(-1,0)$	0	$(0,1)$	1	$(1,+\infty)$
y'	$+$		$+$	0	$-$		$-$
y''	$+$	0	$-$		$-$	0	$+$
y	↗	$\left(-1, \dfrac{1}{\sqrt{2\pi e}}\right)$ 拐点	↗	$\dfrac{1}{\sqrt{2\pi}}$ 极大值	↘	$\left(1, \dfrac{1}{\sqrt{2\pi e}}\right)$ 拐点	↘

曲线有水平渐近线 $y = 0$.

作出区间 $[0, +\infty)$ 内的图形，然后利用对称性作出区间 $(-\infty, 0)$ 内的图形.

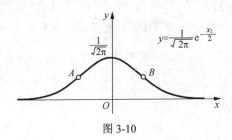

图 3-10

习题 3-6

1. 描绘下列函数的图形：

（1） $y = \dfrac{1}{5}(x^4 - 5x^2 + 7)$；   （2） $y = \dfrac{x}{1+x^2}$；   （3） $y = \dfrac{\sin x}{\cos 2x}$.

2. 求曲线 $y = \dfrac{1}{x} + \ln(1 + e^x)$ 的渐近线方程.

3. 运用导数知识作出 $y = x + \dfrac{x}{x^2 - 1}$ 的图形.

本 章 小 结

本章讨论了罗尔定理、拉格朗日定理和柯西定理，利用柯西定理给出了很多求未定式的极限的方法. 在这些未定式中，最基本的形式是 $\dfrac{0}{0}$ 型和 $\dfrac{\infty}{\infty}$ 型；对于 $0 \cdot \infty$ 型，

常将其化为分式而成为 $\dfrac{0}{0}$ 型或 $\dfrac{\infty}{\infty}$ 型去考虑；对于 ∞^0，0^0，1^∞ 等，又经常通过将其变成指数函数或取对数化为 $0\cdot\infty$ 型；至于 $\infty-\infty$ 型，一般通过将其通分或有理化后根据情况处理．微分中值定理的重要应用，利用导数研究函数的单调性、求函数的极值；研究曲线的凹凸性、求曲线的拐点，再根据渐近线的情况描绘函数的图形；并讨论了最大值和最小值的问题；最后给出了任意函数的泰勒展开式．

总习题 3

（A）

1．填空：设常数 $k>0$，函数 $f(x)=\ln x-\dfrac{x}{\mathrm{e}}+k$ 在 $(0,+\infty)$ 内零点的个数为_____．

2．举出一个函数 $f(x)$，使其满足：$f(x)$ 在 $[a,b]$ 上连续，在 (a,b) 内除某一点外处处可导，但在 (a,b) 内不存在点 ξ，使 $f(b)-f(a)=f'(\xi)(b-a)$．

3．证明多项式 $f(x)=x^3-3x+a$ 在 $[0,1]$ 上不可能有 2 个零点．

4．设 $a_0+\dfrac{a_1}{2}+\cdots+\dfrac{a_n}{n+1}=0$，证明多项式 $f(x)=a_0+a_1x+\cdots+a_nx^n$ 在 $(0,1)$ 内至少有一个零点．

5．求下列极限：

（1）$\lim\limits_{x\to 1}\dfrac{x-x^x}{1-x+\ln x}$；（2）$\lim\limits_{x\to 0}\left[\dfrac{1}{\ln(1+x)}-\dfrac{1}{x}\right]$；（3）$\lim\limits_{x\to+\infty}\left(\dfrac{2}{\pi}\arctan x\right)^x$．

6．证明不等式：当 $0<x_1<x_2<\dfrac{\pi}{2}$ 时，$\dfrac{\tan x_2}{\tan x_1}>\dfrac{x_2}{x_1}$．

7．求 $1,\sqrt{2},\sqrt[3]{3},\cdots,\sqrt[n]{n},\cdots$ 中的最大项．

8．证明方程 $x^3-5x-2=0$ 只有一个正根．

9．确定下列函数的单调区间：

（1）$f(x)=4x-x^2$；（2）$f(x)=2x-\ln x$．

10．求下列极限：

（1）$\lim\limits_{x\to 0}\dfrac{\mathrm{e}^x\sin x-x(1+x)}{x^3}$；（2）$\lim\limits_{x\to\infty}\left[x-x^2\ln(1+\dfrac{1}{x})\right]$．

11．求函数的极值：$f(x)=\dfrac{4x}{1+x^2}$．

12．证明：若函数 $f(x)$ 在点 x_0 处有 $f'_-(x_0)<0$（>0）和 $f'_+(x_0)>0$（<0），则 x_0 为 $f(x)$ 的极小（大）值点．

（B）

1. 选择以下题中给出的四个结论中一个正确的结论:

设在[0, 1]上 $f''(x) > 0$, 则 $f'(0)$, $f'(1)$, $f(1) - f(0)$ 或 $f(0) - f(1)$ 几个数的大小顺序为（　　）.

A. $f'(1) > f'(0) > f(1) - f(0)$　　　　　　B. $f'(1) > f(1) - f(0) > f'(0)$

C. $f(1) - f(0) > f'(1) > f'(0)$　　　　　　D. $f'(1) > f(0) - f(1) > f'(0)$

2. 设 $\lim\limits_{x \to \infty} f'(x) = k$, 求 $\lim\limits_{x \to \infty}[f(x + a) - f(x)]$.

3. 设 $0 < a < b$, 函数 $f(x)$ 在 $[a, b]$ 上连续, 在 (a, b) 内可导, 试利用柯西中值定理, 证明: 存在一点 $\xi \in (a, b)$, 使 $f(b) - f(a) = \xi f'(\xi) \ln \dfrac{b}{a}$.

4. 设函数 f 在点 a 处具有连续的二阶导数. 证明:
$$\lim_{h \to 0} \frac{f(a + h) + f(a - h) - 2f(a)}{h^2} = f''(a).$$

5. 设 $f(x)$ 在 (a, b) 内二阶可导, 且 $f''(x) \geqslant 0$. 证明: 对于 (a, b) 内任意两点 x_1, x_2 及 $0 \leqslant t \leqslant 1$, 有 $f[(1 - t)x_1 + tx_2] \leqslant (1 - t)f(x_1) + tf(x_2)$.

第4章 多元函数微分学

前面我们所讨论的函数仅含有一个自变量，称为一元函数. 但是在人们的实践中，常常遇到依赖于两个或更多个自变量的函数，这种函数称为多元函数. 本章主要介绍多元函数的极限、连续等基本概念以及多元函数的微分法及其应用. 讨论时，我们以二元函数为主要研究对象.

第1节　空间解析几何简介

一、空间直角坐标系

在平面解析几何中，应用平面直角坐标系将平面上的点与有序实数对 (x, y) 建立一一对应关系，由此将平面曲线与方程建立了一一对应关系. 同样，为了把空间的任一点与有序数组对应起来，从而建立空间图形与方程的联系，我们建立了空间直角坐标系.

在空间内任取一定点 O，过点 O 作三条互相垂直的数轴，依次记为 x 轴（横轴），y 轴（纵轴），z 轴（竖轴），统称为坐标轴. 三条坐标轴正向构成右手系，即用右手握着 z 轴，当右手四指从 x 轴正向以 $\dfrac{\pi}{2}$ 的角度转向 y 轴正向时，大拇指的指向就是 z 轴的正向. 如图 4-1 所示，这样的三条坐标轴就构成了空间直角坐标系，点 O 称为坐标原点.

空间直角坐标系中，任意两条坐标轴所确定的平面称为坐标面，分别为 xOy, xOz, yOz 坐标面. 三个坐标面把空间分为八个部分，每部分称为一个卦限，顺序规定如图 4-2 所示.

图 4-1　空间直角坐标系

建立空间直角坐标系后，就可以用一组有序数组来确定空间任一点的位置. 设 M 为空间任一点，过 M 分别作垂直于 x 轴，y 轴，z 轴的平面，分别与坐标轴交于 P, Q, R，这三点在 x 轴，y 轴，z 轴上的坐标分别为 x, y, z. 于是，空间中的一点就唯一确定了一个有序数组 (x, y, z). 如图 4-3 所示. 反之，对任意一组有序实数 x, y, z，分别在 x 轴，y 轴，z 轴上取坐标为 x, y, z 的点 P, Q, R，过 P, Q, R 分别作垂直于三条坐标轴的平面，这三个平面交于唯一的一点 M. 可见，任意一组有序数组 x, y, z 唯一确定空间内一点 M. 这样就建立了空间的点与有序数组的一一对应关系，这

组数 x, y, z 称为点 M 的坐标，通常记为 (x, y, z). x, y, z 依次称为点 M 的横坐标、纵坐标和竖坐标.

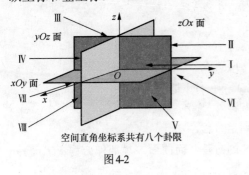

空间直角坐标系共有八个卦限

图 4-2

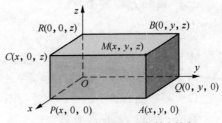

图 4-3 特殊点的表示：坐标轴上的点
P, Q, R,坐标面上的点 A，B，C，$O(0,0,0)$

二、空间两点间的距离

设 $M_1(x_1, y_1, z_1)$、$M_2(x_2, y_2, z_2)$ 为空间两点，$d = |M_1 M_2| = ?$

在直角 $\Delta M_1 N M_2$ 及直角 $\Delta M_1 P N$ 中，使用勾股定理知

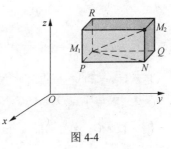

图 4-4

$$d^2 = |M_1 P|^2 + |PN|^2 + |NM_2|^2.$$

因此 $d = \sqrt{|M_1 P|^2 + |PN|^2 + |NM_2|^2}$.

又 $|M_1 P| = |x_2 - x_1|, |PN| = |y_2 - y_1|, |NM_2| = |z_2 - z_1|,$

故空间两点间距离公式为：

$$|M_1 M_2| = \sqrt{(x_2 - x_1)^2 + (y_2 - y_1)^2 + (z_2 - z_1)^2}.$$

特殊地，若两点分别为 $M(x, y, z)$，$O(0,0,0)$，则 $d = |OM| = \sqrt{x^2 + y^2 + z^2}$.

例 1 设 P 在 x 轴上，它到 $P_1(0, \sqrt{2}, 3)$ 的距离为到点 $P_2(0, 1, -1)$ 的距离的两倍，求点 P 的坐标.

解 因为 P 在 x 轴上，所以设 P 点坐标为 $(x, 0, 0)$.

$$|PP_1| = \sqrt{x^2 + \left(\sqrt{2}\right)^2 + 3^2} = \sqrt{x^2 + 11},$$

$$|PP_2| = \sqrt{x^2 + (-1)^2 + 1^2} = \sqrt{x^2 + 2},$$

$$\because |PP_1|=2|PP_2|, \therefore \sqrt{x^2+11}=2\sqrt{x^2+2},$$

解得 $x=\pm 1$，∴ 所求点为 $(1,0,0)$，$(-1,0,0)$.

三、曲面方程的概念

曲面在空间解析几何中被看成点的几何轨迹.

定义 1 如果曲面 S 与三元方程 $F(x,y,z)=0$ 有下述关系：

（1）曲面 S 上任一点的坐标都满足方程，

（2）不在曲面 S 上的点的坐标都不满足方程，

那么，方程 $F(x,y,z)=0$ 就叫作曲面 S 的方程，而曲面 S 就叫作方程 $F(x,y,z)=0$ 的图形.

例 2 建立球心为点 $M_0(x_0, y_0, z_0)$、半径为 R 的球面方程.

解 设 $M(x,y,z)$ 是球面上任一点，

根据题意有 $|MM_0|=R$，即

$$\sqrt{(x-x_0)^2+(y-y_0)^2+(z-z_0)^2}=R,$$

所求方程为 $(x-x_0)^2+(y-y_0)^2+(z-z_0)^2=R^2$.

特殊地，球心在原点时，方程为 $x^2+y^2+z^2=R^2$.

例 3 求与原点 O 及 $M_0(2,3,4)$ 的距离之比为 1:2 的点的全体所组成的曲面方程.

解 设 $M(x,y,z)$ 是曲面上任一点，根据题意有 $\dfrac{|MO|}{|MM_0|}=\dfrac{1}{2}$，即

$$\frac{\sqrt{x^2+y^2+z^2}}{\sqrt{(x-2)^2+(y-3)^2+(z-4)^2}}=\frac{1}{2},$$

所求方程为 $\left(x+\dfrac{2}{3}\right)^2+(y+1)^2+\left(z+\dfrac{4}{3}\right)^2=\dfrac{116}{9}$.

例 4 已知 $A(1,2,3)$，$B(2,-1,4)$，求线段 AB 的垂直平分面的方程.

解 设 $M(x,y,z)$ 是所求平面上任一点，根据题意有 $|MA|=|MB|$，即

$$\sqrt{(x-1)^2+(y-2)^2+(z-3)^2}=\sqrt{(x-2)^2+(y+1)^2+(z-4)^2},$$

化简得所求方程 $2x-6y+2z-7=0$.

以上几例表明研究空间曲面有**两个基本问题**：

（1）已知曲面作为点的轨迹时，求曲面方程（讨论旋转曲面）.

（2）已知坐标间的关系式，研究曲面形状（讨论柱面、二次曲面）.

四、一些常见的曲面及其方程

1. 平面

平面的一般方程：$Ax + By + Cz + D = 0$.

平面一般方程的几种特殊情况：

（1）$D=0$，平面通过坐标原点.

（2）$A=0$，$\begin{cases} D=0, & \text{平面通过}x\text{轴}; \\ D\neq0, & \text{平面平行于}x\text{轴}; \end{cases}$

类似地可讨论 $B=0$，$C=0$ 的情形.

（3）$A=B=0$，平面平行于 xOy 坐标面；

类似地可讨论 $A=C=0$，$B=C=0$ 的情形.

例 5 设平面与 x,y,z 三轴分别交于 $P(a,0,0)$、$Q(0,b,0)$、$R(0,0,c)$（其中 $a\neq0$，$b\neq0$，$c\neq0$），求此平面方程.

解 设平面为 $Ax + By + Cz + D = 0$，

将三点坐标代入得 $\begin{cases} aA + D = 0, \\ bB + D = 0, \\ cC + D = 0, \end{cases}$

解得 $A = -\dfrac{D}{a}$，$B = -\dfrac{D}{b}$，$C = -\dfrac{D}{c}$.

将 $A = -\dfrac{D}{a}$，$B = -\dfrac{D}{b}$，$C = -\dfrac{D}{c}$ 代入所设方程，得 $\dfrac{x}{a} + \dfrac{y}{b} + \dfrac{z}{c} = 1$.

$\dfrac{x}{a} + \dfrac{y}{b} + \dfrac{z}{c} = 1$ 称为平面的截距式方程，其中，a 为 x 轴上的截距，b 为 y 轴上的截距，c 为 z 轴上的截距.

2. 旋转曲面

定义 2 以一条平面曲线绕其平面上的一条直线旋转一周所成的曲面称为旋转曲面. 这条定直线叫旋转曲面的轴.

旋转过程中的特征（见图 4-5）：

设 $M(x,y,z)$，则

（1）$z = z_1$;

（2）点 M 到 z 轴的距离

$$d = \sqrt{x^2 + y^2} = |y_1| .$$

将 $z = z_1, y_1 = \pm\sqrt{x^2 + y^2}$ 代入 $f(y_1,z_1) = 0$，

得方程

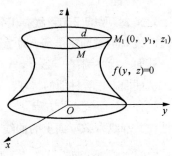

图 4-5

$$f\left(\pm\sqrt{x^2+y^2},z\right)=0 ,$$

即为 yOz 坐标面上的已知曲线 $f(y,z)=0$ 绕 z 轴旋转一周的旋转曲面方程.

同理，yOz 坐标面上的已知曲线 $f(y,z)=0$ 绕 y 轴旋转一周的旋转曲面方程为

$$f\left(y,\pm\sqrt{x^2+z^2}\right)=0 .$$

例 6 将下列各曲线绕对应的轴旋转一周，求生成的旋转曲面的方程.

（1）双曲线 $\dfrac{x^2}{a^2}-\dfrac{z^2}{c^2}=1$ 分别绕 x 轴和 z 轴旋转：

绕 x 轴旋转得 $\dfrac{x^2}{a^2}-\dfrac{y^2+z^2}{c^2}=1$；

绕 z 轴旋转得 $\dfrac{x^2+y^2}{a^2}-\dfrac{z^2}{c^2}=1$.

（旋转双曲面）

（2）椭圆 $\begin{cases}\dfrac{y^2}{a^2}+\dfrac{z^2}{c^2}=1,\\ x=0\end{cases}$ 绕 y 轴和 z 轴旋转：

绕 y 轴旋转得 $\dfrac{y^2}{a^2}+\dfrac{x^2+z^2}{c^2}=1$；

绕 z 轴旋转得 $\dfrac{x^2+y^2}{a^2}+\dfrac{z^2}{c^2}=1$.

（旋转椭球面）

（3）抛物线 $\begin{cases}y^2=2pz,\\ x=0\end{cases}$ 绕 z 轴旋转：

$x^2+y^2=2pz$.

（旋转抛物面）

3. 柱面

定义 3 平行于定直线并沿定曲线 C 移动的直线 L 所形成的曲面称为柱面. 这条定曲线 C 叫柱面的准线，动直线 L 叫柱面的母线.

柱面方程举例：$y^2=2x$，$y=x$.

从柱面方程看柱面的特征：

只含 x,y 而缺 z 的方程 $F(x,y)=0$，在空间直角坐标系中表示母线平行于 z 轴的柱面，其准线为 xOy 面上的曲线 C，如图 4-6 和图 4-7 所示.

实例：椭圆柱面 $\dfrac{y^2}{b^2}+\dfrac{z^2}{c^2}=1$ 表示母线平行于 x 轴，准线为 yOz 坐标面上的椭圆

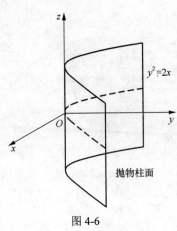

图 4-6

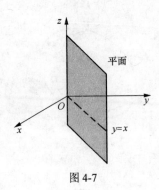

图 4-7

$\dfrac{y^2}{b^2}+\dfrac{z^2}{c^2}=1$；双曲柱面 $\dfrac{x^2}{a^2}-\dfrac{y^2}{b^2}=1$ 表示母线平行于 z 轴，准线为 xOy 坐标面上的双

曲线 $\dfrac{x^2}{a^2}-\dfrac{y^2}{b^2}=1$；抛物柱面 $x^2=2pz$ 表示母线平行于 y 轴，准线为 xOz 坐标面上的抛

物线 $x^2=2pz$.

4. 二次曲面

（1）椭球面

$$\frac{x^2}{a^2}+\frac{y^2}{b^2}+\frac{z^2}{c^2}=1.$$

椭球面的几种特殊情况：

- $a=b$ 时，为旋转椭球面 $\dfrac{x^2}{a^2}+\dfrac{y^2}{b^2}+\dfrac{z^2}{c^2}=1$，

由椭圆 $\dfrac{x^2}{a^2}+\dfrac{z^2}{c^2}=1$ 绕 z 轴旋转而成，

方程可写为 $\dfrac{x^2+y^2}{a^2}+\dfrac{z^2}{c^2}=1$.

- $a=b=c$ 时，为球面 $\dfrac{x^2}{a^2}+\dfrac{y^2}{a^2}+\dfrac{z^2}{a^2}=1$，

方程可写为 $x^2+y^2+z^2=a^2$.

（2）抛物面

$\dfrac{x^2}{2p}+\dfrac{y^2}{2q}=z$（$p$ 与 q 同号）为椭圆抛物面；

$-\dfrac{x^2}{2p}+\dfrac{y^2}{2q}=z$（$p$ 与 q 同号）为双曲抛物面（马鞍面）.

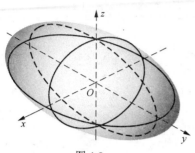

图 4-8

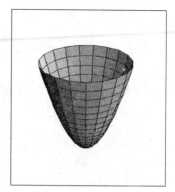

图 4-9

（3）双曲面

$$\frac{x^2}{a^2}+\frac{y^2}{b^2}-\frac{z^2}{c^2}=1$$ 为单叶双曲面；

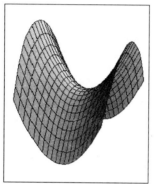

图 4-10

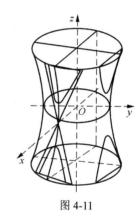

图 4-11

$$\frac{x^2}{a^2}+\frac{y^2}{b^2}-\frac{z^2}{c^2}=-1$$ 为双叶双曲面．

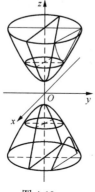

图 4-12

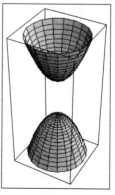

图 4-13

习题 4-1

1. 在空间直角坐标系中，指出下列各点在哪个卦限.

$A(-1,1,2)$，$B(2,-1,3)$，$C(1,-2,-3)$，$D(-1,-1,4)$，$E(-1,-2,3)$.

2. 求点$(1,1,1)$关于（1）各坐标轴，（2）各坐标面，（3）坐标原点的对称点坐标.

3. 在 yOz 面上，求与 $A(3,1,2),B(4,-2,-2),C(0,5,1)$ 三点等距离的点.

4. 证明以 $A(4,1,9),B(10,-1,6),C(2,4,3)$ 三点为顶点的三角形是等腰三角形.

5. 方程 $x^2+y^2+z^2-2x+4y+2z=0$ 表示什么曲面？

6. 建立以点$(2,3,4)$为球心，且通过坐标原点的球面方程.

7. 求过$(1,1,-1)$、$(-2,-2,2)$、$(1,-1,2)$三点的平面方程.

8. 指出下列各平面的特殊位置，并画出各平面：

（1）$x=0$；　　　　　　　　（2）$3y-1=0$；

（3）$2x-3y-6=0$；　　　　　（4）$x-3y=0$；

（5）$y+z=2$；　　　　　　　（6）$x-4z=0$；

（7）$6x+7y-2z=0$.

9. 将 xOz 坐标面上的抛物线 $z^2=3x$ 绕 x 轴旋转一周，求形成的旋转曲面的方程.

10. 将 xOy 坐标面上的双曲线 $3x^2-4y^2=18$ 分别绕 x 轴和 y 轴旋转一周，求所形成的旋转曲面的方程.

11. 指出下列方程各表示什么曲面，并画出其图形.

（1）$(x-1)^2+y^2=1$；　　　　（2）$-\dfrac{x^2}{9}+\dfrac{y^2}{16}=1$；

（3）$\dfrac{x^2}{9}+\dfrac{y^2}{16}=1$；　　　　（4）$z=2-y^2$；

（5）$x^2+y^2-z^2=0$；　　　　（6）$x^2-y^2-z^2=1$；

（7）$\dfrac{x^2}{4}+\dfrac{y^2}{9}+\dfrac{z^2}{9}=1$；　　　（8）$x=y^2+z^2$.

12. 指出下列方程在平面中和空间中分别表示什么图形：

（1）$x=2$；　　　　　　　　　（2）$y=x+5$；

（3）$x^2+y^2=9$；　　　　　　（4）$x^2-y^2=4$.

13. 说出下列方程所表示的曲面：

（1）$4x^2+y^2-z^2=4$；　　　　（2）$x^2-y^2-4z^2=4$；

（3）$\dfrac{z}{3}=\dfrac{x^2}{4}+\dfrac{y^2}{9}$.

第2节　多元函数的概念

一、平面区域

1. 邻域

定义 1　设 $P_0(x_0,y_0)$ 是 xOy 平面上的一个点，δ 是某一正数，与点 $P_0(x_0,y_0)$ 距离小于 δ 的点 $P(x,y)$ 的全体称为点 P_0 的 δ 邻域，记为 $U(P_0,\delta)$，即

$$U(P_0,\delta) = \left\{ P \mid \mid PP_0 \mid < \delta \right\} = \left\{ (x,y) \mid \sqrt{(x-x_0)^2+(y-y_0)^2} < \delta \right\}.$$

几何解释：$U(P_0,\delta)$ 是 xOy 平面上以 $P_0(x_0,y_0)$ 点为中心，$\delta > 0$ 为半径的圆的内部点 $P(x,y)$ 的全体．

去心邻域：点 P_0 的去心邻域

$$\mathring{U}(P_0) = \left\{ P \mid 0 < \mid PP_0 \mid < \delta \right\} = \left\{ (x,y) \mid 0 < \sqrt{(x-x_0)^2+(y-y_0)^2} < \delta \right\}.$$

2. 区域

设 E 是平面上的点集，P 是平面上的一点．

内点：如果存在点 P 的某一邻域 $U(P)$，使得 $U(P) \subset E$，则称 P 为 E 的内点．

开集：如果点集 E 的点都是内点，则称 E 为开集．

如 $E_1 = \left\{ (x,y) \mid 1 < x^2+y^2 < 4 \right\}$ 是开集．

边界点：如果点 P 的任一邻域内既有属于 E 的点，也有不属于 E 的点，则称 P 为 E 的边界点．

边界：E 的边界点的全体称为 E 的边界．

如 E_1 的边界是 $x^2+y^2=1$ 和 $x^2+y^2=4$．

连通：设 D 是开集，如果对于 D 内任何两点，都可用属于 D 的折线将其连接起来，则称开集 D 是连通的．

定义 2　连通的开集称为区域．

有界区域与无界区域：对于区域 D，如果存在正数 δ，使得 $D \subset U(P_0,\delta)$，那么称区域 D 为有界区域；否则称为无界区域．

如 $\left\{ (x,y) \mid 1 \leqslant x^2+y^2 \leqslant 4 \right\}$ 为有界闭区域；

$\left\{ (x,y) \mid x+y > 1 \right\}$ 为无界开区域．

二、多元函数的定义

先看两个例子：

例 1　圆柱体的体积 V 和它的底面半径 r、高 h 之间具有关系 $V=\pi r^2 h$．

这里，当 r, h 在集合 $\{(r,h) \mid r>0, h>0\}$ 内取定一对值 (r,h) 时，V 的值就随之确定.

例 2 设 R 是电阻 R_1、R_2 并联后的总电阻，由电学知识知道，它们之间具有关系

$$R = \frac{R_1 R_2}{R_1 + R_2}.$$

这里，当 R_1、R_2 在集合 $\{(R_1, R_2) \mid R_1>0, R_2>0\}$ 内取定一对值 (R_1, R_2) 时，R 的值就随之确定.

不考虑上述两例的实际意义，我们提出如下二元函数的定义.

定义 3 设 D 是平面上的一个点集，如果对于每个点 $P(x,y) \in D$，变量 z 按照一定法则总有确定的值和它对应，则称 z 是变量 x,y 的二元函数（或点 P 的点函数），记为

$$z = f(x,y) \quad (\text{或 } z = f(P)),$$

其中 x,y 称为自变量，z 称为因变量，D 称为该函数的定义域，数集 $\{z \mid z = f(x,y), (x,y) \in D\}$ 称为该函数的值域.

类似地，可定义三元函数 $u = f(x,y,z)$，$(x,y,z) \in D$，以及三元以上的函数.

注：

（1）为讨论的方便，今后用记号 $z = f(x,y)$ 表示二元函数 f，用 xOy 坐标面上的点 $P(x,y)$ 表示一对有序数组 (x,y)，于是二元函数 $z = f(x,y)$ 可简记为 $z = f(P)$，此时 z 称为点 P 的函数.

（2）二元函数定义域与一元函数的定义域求法相类似. 对于二元函数 $z = f(x,y)$，使这个表达式有意义的自变量的取值范围，就是函数的定义域；如果函数的自变量具有某种实际意义，应根据实际意义确定其定义域.

（3）二元函数几何意义：对于二元函数 $z = f(x,y)$，$(x,y) \in D$，其定义域 D 是平面 xOy 上的一个区域，点集 $\{(x,y,z) \mid z = f(x,y), (x,y) \in D\}$ 称为二元函数 $z = f(x,y)$ 的图形. 一般地，二元函数的图形是一个曲面. 例如函数 $z = ax+by+c$ 表示一个平面，而函数 $z = x^2+y^2$ 的图形是旋转抛物面.

例 3 求函数 $z = \arcsin(x^2 + y^2)$ 的定义域.

解 定义域满足 $x^2 + y^2 \leqslant 1$，
所以 $D = \left\{(x,y) \mid x^2 + y^2 \leqslant 1\right\}$ 是有界闭区域.

例 4 求函数 $z = \dfrac{1}{\sqrt{x-y^2}}$ 的定义域.

解 定义域满足 $x - y^2 > 0$，
所以 $D = \left\{(x,y) \mid x > y^2\right\}$ 是无界开区域，如图 4-14 所示.

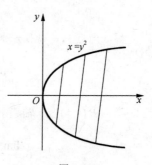

图 4-14

三、多元函数的极限

与一元函数的极限概念类似，二元函数的极限也是讨论当自变量 $P(x, y)$ 趋向于点 $P_0(x_0, y_0)$ 时，函数 $z = f(x, y)$ 的变化趋势.

定义 4 设二元函数 $z = f(x, y)$ 在点 $P_0(x_0, y_0)$ 的某一去心邻域内有定义，如果当点 $P(x, y)$（属于这个邻域）以任意方式趋向于点 $P_0(x_0, y_0)$ 时，对应的函数值 $f(x, y)$ 无限趋向于一个确定的常数 A，则称 A 是函数 $z = f(x, y)$ 当 $P(x, y) \to P_0(x_0, y_0)$ 时的极限，记作 $\lim\limits_{(x, y) \to (x_0, y_0)} f(x, y) = A$，或 $f(x, y) \to A\ ((x, y) \to (x_0, y_0))$,

也记作

$$\lim_{P \to P_0} f(P) = A \text{ 或 } f(P) \to A(P \to P_0).$$

上述定义的极限也称为二重极限.

注：

（1）当 $(x, y) \to (x_0, y_0)$ 时，函数 $f(x, y) \to A$ 是指 (x, y) 以任何方式趋于 (x_0, y_0) 时，函数 $f(x, y)$ 都趋于 A. 因为平面上由一点到另一点有无数条路线，所以二元函数当 $(x, y) \to (x_0, y_0)$ 时，要比一元函数中当 $x \to x_0$ 时复杂得多. 如果 (x, y) 以某一特殊方式趋于 (x_0, y_0) 时，即使函数无限接近于某一确定的值，我们也不能由此断定函数的极限存在.

（2）如果当 (x, y) 以不同方式趋于 (x_0, y_0) 时，函数趋于不同的值，那么就可以断定这个函数的极限不存在.

例 5 求 $\lim\limits_{(x, y) \to (0, 2)} \dfrac{\sin(xy)}{x}$.

解 $\lim\limits_{(x, y) \to (0, 2)} \dfrac{\sin(xy)}{x} = \lim\limits_{(x, y) \to (0, 2)} \dfrac{\sin(xy)}{xy} \cdot y = \lim\limits_{(x, y) \to (0, 2)} \dfrac{\sin(xy)}{xy} \cdot \lim\limits_{(x, y) \to (0, 2)} y = 1 \times 2 = 2$.

例 6 讨论函数 $f(x, y) = \begin{cases} \dfrac{xy}{x^2 + y^2}, & x^2 + y^2 \neq 0, \\ 0, & x^2 + y^2 = 0 \end{cases}$ 在点 $(0, 0)$ 处有无极限.

解 当点 $P(x, y)$ 沿 x 轴趋于点 $(0, 0)$ 时，

$$\lim_{(x, y) \to (0, 0)} f(x, y) = \lim_{x \to 0} f(x,\ 0) = \lim_{x \to 0} 0 = 0;$$

当点 $P(x, y)$ 沿 y 轴趋于点 $(0, 0)$ 时，

$$\lim_{(x, y) \to (0, 0)} f(x, y) = \lim_{y \to 0} f(0,\ y) = \lim_{y \to 0} 0 = 0;$$

当点 $P(x, y)$ 沿直线 $y=kx$（$k \neq 0$）趋于点（0，0）时，

$$\lim_{\substack{(x,y) \to (0,0) \\ y=kx}} \frac{xy}{x^2+y^2} = \lim_{x \to 0} \frac{kx^2}{x^2+k^2x^2} = \frac{k}{1+k^2} \neq 0.$$

因此，函数 $f(x, y)$ 在 $(0, 0)$ 处无极限.

四、多元函数的连续性

定义 5　设函数 $z=f(x,y)$ 在区域 D 内有定义，且 $P_0(x_0, y_0) \in D$，若

$$\lim_{\substack{x \to x_0 \\ y=y_0}} f(x, y) = f(x_0, y_0),$$

则称函数 $f(x, y)$ 在点 $P_0(x_0, y_0)$ 处连续.

如果函数 $f(x, y)$ 在 D 的每一点处都连续，那么就称函数 $f(x, y)$ 在 D 上连续，或者称 $f(x, y)$ 是 D 上的连续函数.

二元函数的连续性概念可相应地推广到 n 元函数 $f(P)$ 上去.

可以证明，多元连续函数的和、差、积仍为连续函数；连续函数的商在分母不为零处仍连续；多元连续函数的复合函数也是连续函数.

与一元初等函数类似，多元初等函数是指可用一个式子表示的多元函数. 这个式子是由常数及具有不同自变量的一元基本初等函数经过有限次的四则运算和复合运算而得到的.

例如 $\dfrac{x+x^2-y^2}{1+y^2}$，$\sin(x+y)$，$e^{x^2+y^2+z^2}$ 都是多元初等函数.

一切多元初等函数在其定义区域内是连续的. 所谓定义区域，是指包含在定义域内的区域或闭区域.

由多元连续函数的连续性知，如果要求多元连续函数 $f(P)$ 在点 P_0 处的极限，而该点又在此函数的定义区域内，则

$$\lim_{P \to P_0} f(P) = f(P_0).$$

例 7　求 $\displaystyle\lim_{(x,y) \to (0,0)} \frac{\sqrt{xy+1}-1}{xy}$.

解

$$\lim_{(x,y) \to (0,0)} \frac{\sqrt{xy+1}-1}{xy} = \lim_{(x,y) \to (0,0)} \frac{(\sqrt{xy+1}-1)(\sqrt{xy+1}+1)}{xy(\sqrt{xy+1}+1)} = \lim_{(x,y) \to (0,0)} \frac{1}{\sqrt{xy+1}+1} = \frac{1}{2}.$$

多元连续函数的性质：

性质 1　（有界性与最大值、最小值定理）在有界闭区域 D 上的多元连续函数，

必定在 D 上有界，且能取得它的最大值和最小值.

性质 1 就是说，若 $f(P)$ 在有界闭区域 D 上连续，则必定存在常数 $M>0$，使得对一切 $P\in D$，有 $|f(P)|\leqslant M$；且存在 P_1、$P_2\in D$，使得

$$f(P_1)=\max\{f(P)|P\in D\}, \quad f(P_2)=\min\{f(P)|P\in D\}.$$

性质 2 （介值定理）在有界闭区域 D 上的多元连续函数必取得介于最大值和最小值之间的任何值.

习题 4-2

1. 设函数 $f(x,y)=x^y$，求 $f(xy,x+y)$.

2. 设 $z=x+y+f(x-y)$，且当 $y=0$ 时，$z=x^2$，求 $f(x)$.

3. 求下列函数的定义域：

（1） $z=\ln xy$；

（2） $z=\dfrac{1}{\sqrt{x+y}}+\dfrac{1}{\sqrt{x-y}}$；

（3） $z=\ln(y-x)+\dfrac{\sqrt{x}}{\sqrt{1-x^2-y^2}}$；

（4） $u=\arccos\dfrac{z}{\sqrt{x^2+y^2}}$.

4. 求下列极限：

（1） $\lim\limits_{(x,y)\to(0,1)}\dfrac{1+xy}{x^2+y^2}$；

（2） $\lim\limits_{(x,y)\to(1,0)}\dfrac{\ln(x+e^y)}{\sqrt{x^2+y^2}}$；

（3） $\lim\limits_{(x,y)\to(2,0)}\dfrac{\tan(xy)}{y}$；

（4） $\lim\limits_{(x,y)\to(0,0)}\dfrac{1-\cos(x^2+y^2)}{(x^2+y^2)e^{x^2y^2}}$.

5. 下列函数在何处间断？

（1） $z=\ln(x^2+y^2)$；

（2） $z=\dfrac{1}{\sqrt{x-y}}$；

（3） $z=\dfrac{2x}{\sqrt{1-x^2-y^2}}$.

6. 证明下列极限不存在：

（1） $\lim\limits_{(x,y)\to(0,0)}\dfrac{x+y}{x-y}$；

（2） $\lim\limits_{(x,y)\to(0,0)}\dfrac{\sqrt{xy+1}-1}{x+y}$.

第 3 节　偏　导　数

多元函数的自变量不止一个，自变量与因变量之间的关系要比一元函数复杂. 在这一节里，我们研究在其他自变量固定不变时，多元函数关于一个自变量的变化率，即偏导数.

一、偏导数的概念

一般地，在二元函数 $z = f(x, y)$ 中，如果只有自变量 x 变化，而另一个自变量 y 固定（看作常量），这时函数可看作 x 的一元函数，这个函数对 x 的导数就称为二元函数 $z = f(x, y)$ 对 x 的偏导数；同样，若自变量 y 变化，而自变量 x 固定不变，函数就可以看作 y 的一元函数，它对 y 的导数就称为二元函数 $z = f(x, y)$ 对 y 的偏导数。由此，仿照一元函数的导数定义，我们引入二元函数偏导数的定义。

定义 设函数 $z = f(x, y)$ 在点 (x_0, y_0) 的某一邻域内有定义，当 y 固定在 y_0 而 x 在 x_0 处有增量 Δx 时，相应地，函数有增量

$$f(x_0 + \Delta x, y_0) - f(x_0, y_0).$$

如果极限

$$\lim_{\Delta x \to 0} \frac{f(x_0 + \Delta x, y_0) - f(x_0, y_0)}{\Delta x}$$

存在，则称此极限为函数 $z = f(x, y)$ 在点 (x_0, y_0) 处对 x 的偏导数，记作

$$\left.\frac{\partial z}{\partial x}\right|_{\substack{x = x_0 \\ y = y_0}}, \quad \left.\frac{\partial f}{\partial x}\right|_{\substack{x = x_0 \\ y = y_0}}, \quad z_x \left.\right|_{\substack{x = x_0 \\ y = y_0}}, \quad 或 f_x(x_0, y_0).$$

类似地，函数 $z = f(x, y)$ 在点 (x_0, y_0) 处对 y 的偏导数定义为

$$\lim_{\Delta y \to 0} \frac{f(x_0, y_0 + \Delta y) - f(x_0, y_0)}{\Delta y},$$

记作

$$\left.\frac{\partial z}{\partial y}\right|_{\substack{x = x_0 \\ y = y_0}}, \quad \left.\frac{\partial f}{\partial y}\right|_{\substack{x = x_0 \\ y = y_0}}, \quad z_y \left.\right|_{\substack{x = x_0 \\ y = y_0}}, \quad 或 f_y(x_0, y_0).$$

如果函数 $z = f(x, y)$ 在区域 D 内每一点 (x, y) 处对 x 的偏导数都存在，那么这个偏导数就是 x、y 的函数，它就称为函数 $z = f(x, y)$ 对自变量 x 的偏导函数，记作

$$\frac{\partial z}{\partial x}, \quad \frac{\partial f}{\partial x}, \quad z_x, \quad 或 f_x(x, y).$$

可得偏导函数的定义式：$f_x(x, y) \lim_{\Delta x \to 0} \dfrac{f(x + \Delta x, y) - f(x, y)}{\Delta x}$.

类似地，可定义函数 $z = f(x, y)$ 对 y 的偏导函数，记为

$$\frac{\partial z}{\partial y}, \quad \frac{\partial f}{\partial y}, \quad z_y, \quad 或 f_y(x, y).$$

以后如不混淆，我们把偏导函数简称为偏导数.

根据定义，对函数 $z=f(x,y)$ 求 $\dfrac{\partial f}{\partial x}$ 时，只要把 y 暂时看作常量而对 x 求导数即

可；求 $\dfrac{\partial f}{\partial y}$ 时，只要把 x 暂时看作常量而对 y 求导数即可. 因此，对于二元函数求

偏导数，不需要新的方法，仍旧是一元函数求导方法.

例 1 求 $z=x^2+3xy+y^2$ 在点 $(1,2)$ 处的偏导数.

解 $\dfrac{\partial z}{\partial x}=2x+3y$ ， $\dfrac{\partial z}{\partial y}=3x+2y$. $\dfrac{\partial z}{\partial x}\Big|_{\substack{x=1\\y=2}}=2\times1+3\times2=8$ ， $\dfrac{\partial z}{\partial y}\Big|_{\substack{x=1\\y=2}}=3\times1+$

$2\times2=7$.

例 2 求 $z=x^2\sin 2y$ 的偏导数.

解 $\dfrac{\partial z}{\partial x}=2x\sin 2y$ ，$\dfrac{\partial z}{\partial y}=2x^2\cos 2y$.

例 3 设 $z=x^y\,(x>0,x\neq1)$ ，求证： $\dfrac{x}{y}\dfrac{\partial z}{\partial x}+\dfrac{1}{\ln x}\dfrac{\partial z}{\partial y}=2z$.

证 $\dfrac{\partial z}{\partial x}=yx^{y-1}$ ， $\dfrac{\partial z}{\partial y}=x^y\ln x$.

$$\frac{x}{y}\frac{\partial z}{\partial x}+\frac{1}{\ln x}\frac{\partial z}{\partial y}=\frac{x}{y}yx^{y-1}+\frac{1}{\ln x}x^y\ln x=x^y+x^y=2z .$$

例 4 求 $r=\sqrt{x^2+y^2+z^2}$ 的偏导数.

解 $\dfrac{\partial r}{\partial x}=\dfrac{x}{\sqrt{x^2+y^2+z^2}}=\dfrac{x}{r}$ ； $\dfrac{\partial r}{\partial y}=\dfrac{y}{\sqrt{x^2+y^2+z^2}}=\dfrac{y}{r}$ ； $\dfrac{\partial r}{\partial z}=\dfrac{z}{\sqrt{x^2+y^2+z^2}}=\dfrac{z}{r}$.

例 5 已知理想气体的状态方程为 $pV=RT$（R 为常数），求证：

$$\frac{\partial p}{\partial V}\cdot\frac{\partial V}{\partial T}\cdot\frac{\partial T}{\partial p}=-1 .$$

证 $p=\dfrac{RT}{V}$ ， $\dfrac{\partial p}{\partial V}=-\dfrac{RT}{V^2}$ ；

$V=\dfrac{RT}{p}$ ， $\dfrac{\partial V}{\partial T}=\dfrac{R}{p}$ ；

$T=\dfrac{pV}{R}$ ， $\dfrac{\partial T}{\partial p}=\dfrac{V}{R}$.

所以 $\dfrac{\partial p}{\partial V} \cdot \dfrac{\partial V}{\partial T} \cdot \dfrac{\partial T}{\partial p} = -\dfrac{RT}{V^2} \cdot \dfrac{R}{p} \cdot \dfrac{V}{R} = -\dfrac{RT}{pV} = -1$.

从例 5 中我们看到，偏导数的记号是一个整体记号，不能看作分子、分母之商．这是与一元函数导数记号的不同之处．

关于多元函数偏导数，我们说明几点：

（1）二元函数的偏导数的定义，可以推广到三元或三元以上的函数上去．

（2）对于分段函数分段点处的偏导数，我们只能运用偏导数的定义去求，不能直接利用求导法则求．

（3）$f_x(x_0,y_0) = \left[\dfrac{\mathrm{d}}{\mathrm{d}x} f(x,y_0)\right]\Big|_{x=x_0}$，$f_y(x_0,y_0) = \left[\dfrac{\mathrm{d}}{\mathrm{d}y} f(x_0,y)\right]\Big|_{y=y_0}$．

（4）偏导数与连续性之间的关系：与一元函数不同，对于多元函数来说，即使各偏导数在某点都存在，也不能保证函数在该点连续．

例如，二元函数 $f(x,y) = \begin{cases} \dfrac{xy}{x^2+y^2}, & x^2+y^2 \neq 0, \\ 0, & x^2+y^2 = 0 \end{cases}$ 在点(0, 0)处有 $f_x(0,0)=0$，

$f_y(0,0)=0$，即偏导数存在，而由上节例子可知，$\lim\limits_{(x,y)\to(0,0)} f(x,y)$ 不存在，故函数 $f(x,y)$ 在(0,0)处不连续．

二元函数偏导数的几何意义：

曲面的方程为 $z=f(x,y)$，设 $M_0(x_0,y_0,f(x_0,y_0))$ 为曲面 $z=f(x,y)$ 上的一点，过 M_0 作平面 $y=y_0$，截此曲面得一条曲线，此曲线在平面 $y=y_0$ 上的方程为 $z=f(x,y_0)$，则 $z=f(x,y_0)$ 对 x 的偏导数 $\dfrac{\mathrm{d}}{\mathrm{d}x}f(x,y_0)|_{x=x_0}=f_x(x_0,y_0)=\tan\alpha$ 就是曲线在点 M_0 处的切线 M_0T_x 对 x 轴的斜率（对 x 的变化率）．同样，偏导数 $\dfrac{\mathrm{d}}{\mathrm{d}y}f(x_0,y)|_{y=y_0}=f_y(x_0,y_0)=\tan\beta$ 就是曲线在点 M_0 处的切线 M_0T_y 对 y 轴的斜率（对 y 的变化率）．

例 6 曲线 $\begin{cases} z=\dfrac{x^2+y^2}{4}, \\ y=4 \end{cases}$ 在点 $(2,4,5)$ 处的切线对于 x 轴的倾斜角是多少？

解 因为 $\tan\alpha = \dfrac{\partial z}{\partial x}\Big|_{(2,4,5)} = \left(\dfrac{2x}{4}\right)\Big|_{x=2} = \dfrac{x}{2}\Big|_{x=2} = 1$，所以 $\alpha = \dfrac{\pi}{4}$．

二、高阶偏导数

设函数 $z=f(x,y)$ 在区域 D 内具有偏导数

$$\frac{\partial z}{\partial x} = f_x(x, y), \quad \frac{\partial z}{\partial y} = f_y(x, y),$$

那么在 D 内，$f_x(x, y)$、$f_y(x, y)$ 都是 x，y 的函数．如果这两个函数的偏导数也存在，则称它们是函数 $z = f(x, y)$ 的二阶偏导数．按照对变量求导次序的不同，有下列四个二阶偏导数：

$$\frac{\partial}{\partial x}\left(\frac{\partial z}{\partial x}\right) = \frac{\partial^2 z}{\partial x^2} = f_{xx}(x, y), \quad \frac{\partial}{\partial y}\left(\frac{\partial z}{\partial x}\right) = \frac{\partial^2 z}{\partial x \partial y} = f_{xy}(x, y),$$

$$\frac{\partial}{\partial x}\left(\frac{\partial z}{\partial y}\right) = \frac{\partial^2 z}{\partial y \partial x} = f_{yx}(x, y), \quad \frac{\partial}{\partial y}\left(\frac{\partial z}{\partial y}\right) = \frac{\partial^2 z}{\partial y^2} = f_{yy}(x, y).$$

其中，$\dfrac{\partial}{\partial y}\left(\dfrac{\partial z}{\partial x}\right) = \dfrac{\partial^2 z}{\partial x \partial y} = f_{xy}(x, y)$，$\dfrac{\partial}{\partial x}\left(\dfrac{\partial z}{\partial y}\right) = \dfrac{\partial^2 z}{\partial y \partial x} = f_{yx}(x, y)$ 称为混合偏导数．

同样可得三阶、四阶以及 n 阶偏导数．

二阶及二阶以上的偏导数统称为高阶偏导数．

例 7 设 $z = x^3 y^2 - 3xy^3 - xy + 1$，求 $\dfrac{\partial^2 z}{\partial x^2}$、$\dfrac{\partial^3 z}{\partial x^3}$、$\dfrac{\partial^2 z}{\partial y \partial x}$ 和 $\dfrac{\partial^2 z}{\partial x \partial y}$．

解 $\dfrac{\partial z}{\partial x} = 3x^2 y^2 - 3y^3 - y$，$\dfrac{\partial z}{\partial y} = 2x^3 y - 9xy^2 - x$；

$$\frac{\partial^2 z}{\partial x^2} = 6xy^2, \quad \frac{\partial^3 z}{\partial x^3} = 6y^2;$$

$$\frac{\partial^2 z}{\partial x \partial y} = 6x^2 y - 9y^2 - 1, \quad \frac{\partial^2 z}{\partial y \partial x} = 6x^2 y - 9y^2 - 1.$$

从例 7 我们看到 $\dfrac{\partial^2 z}{\partial y \partial x} = \dfrac{\partial^2 z}{\partial x \partial y}$，即混合偏导数与求导顺序无关．但这个结论并不是对任意可求二阶偏导数的二元函数都成立，仅在一定条件下，这个结论才成立．

定理 如果函数 $z = f(x, y)$ 的两个二阶混合偏导数 $\dfrac{\partial^2 z}{\partial y \partial x}$ 及 $\dfrac{\partial^2 z}{\partial x \partial y}$ 在区域 D 内连续，那么在该区域内，这两个二阶混合偏导数必相等．

例 8 验证函数 $z = \ln \sqrt{x^2 + y^2}$ 满足方程 $\dfrac{\partial^2 z}{\partial x^2} + \dfrac{\partial^2 z}{\partial y^2} = 0$．

证 因为 $z = \ln \sqrt{x^2 + y^2} = \dfrac{1}{2}\ln(x^2 + y^2)$，所以

$$\frac{\partial z}{\partial x} = \frac{x}{x^2 + y^2}, \quad \frac{\partial z}{\partial y} = \frac{y}{x^2 + y^2},$$

$$\frac{\partial^2 z}{\partial x^2} = \frac{(x^2 + y^2) - x \cdot 2x}{(x^2 + y^2)^2} = \frac{y^2 - x^2}{(x^2 + y^2)^2},$$

$$\frac{\partial^2 z}{\partial y^2} = \frac{(x^2 + y^2) - y \cdot 2y}{(x^2 + y^2)^2} = \frac{x^2 - y^2}{(x^2 + y^2)^2}.$$

因此 $\quad \dfrac{\partial^2 z}{\partial x^2} + \dfrac{\partial^2 z}{\partial y^2} = \dfrac{x^2 - y^2}{(x^2 + y^2)^2} + \dfrac{y^2 - x^2}{(x^2 + y^2)^2} = 0$.

习题 4-3

1. 设 $f(x,y) = \ln\left(x + \dfrac{y}{2x}\right)$，求 $f_x(1,0)$，$f_y(1,0)$.

2. 求下列函数的偏导数：

（1）$z = \ln\left(\tan\dfrac{x}{y}\right)$；

（2）$z = \sin\dfrac{x}{y}\cos\dfrac{y}{x}$；

（3）$z = \ln(x + \ln y)$；

（4）$z = \sin(xy) + \cos^2(xy)$；

（5）$z = (1 + xy)^y$；

（6）$u = x^{\frac{y}{z}}$；

（7）$z = x^3 y - y^2 x$；

（8）$u = \arctan(x - y)^z$.

3. 设 $z = \mathrm{e}^{-\left(\frac{1}{x} + \frac{1}{y}\right)}$，求证 $x^2\dfrac{\partial z}{\partial x} + y^2\dfrac{\partial z}{\partial y} = 2z$.

4. 曲线 $\begin{cases} z = \sqrt{1 + x^2 + y^2}, \\ x = 1 \end{cases}$，在点 $(1,1,\sqrt{3})$ 处的切线对于 y 轴的倾斜角是多少？

5. 求下列函数的二阶偏导数：

（1）$z = x^{2y}$；

（2）$z = \mathrm{e}^{xy}$.

6. 设 $f(x,y,z) = xy^2 + yz^2 + zx^2$，求 $f_{xx}(0,0,1)$，$f_{xz}(1,0,2)$，$f_{yz}(0,-1,0)$，

$f_{zzx}(2,0,1)$.

第 4 节　全　微　分

一、全微分的概念

我们知道，如果一元函数 $y = f(x)$ 在点 x 可微，那么函数 $y = f(x)$ 的改变量可以表示成 Δx 的线性函数与一个比 Δx 高阶的无穷小之和，即

$$\Delta y = A\Delta x + o(\Delta x).$$

二元函数 $z = f(x, y)$ 在点 (x, y) 的全改变量

$$\Delta z = f(x + \Delta x, y + \Delta y) - f(x, y)$$

与一元函数类似，希望分离出自变量的改变量 Δx、Δy 的线性函数，从而引入如下定义.

定义 如果函数 $z = f(x, y)$ 在点 (x, y) 的全增量

$$\Delta z = f(x + \Delta x, y + \Delta y) - f(x, y)$$

可表示为

$$\Delta z = A\Delta x + B\Delta y + o(\rho),$$

其中 A, B 是不依赖于 $\Delta x, \Delta y$ 而仅与 x, y 有关的量，且 $\rho = \sqrt{(\Delta x)^2 + (\Delta y)^2}$，则称函数 $z = f(x, y)$ 在点 (x, y) 处可微分，而 $A\Delta x + B\Delta y$ 称为函数 $z = f(x, y)$ 在点 (x, y) 处的全微分，记为 $\mathrm{d}z$，即

$$\mathrm{d}z = A\Delta x + B\Delta y.$$

如果函数在区域 $\mathbf{D}$ 内各点处都可微分，那么称这个函数在 $\mathbf{D}$ 内可微分.

我们知道，对于多元函数，即使偏导数在某点处都存在，也不能保证函数在该点处连续. 但是，如果函数 $z = f(x, y)$ 在点 (x, y) 处可微分，即

$$\Delta z = A\Delta x + B\Delta y + o(\rho), \quad 其中 \rho = \sqrt{(\Delta x)^2 + (\Delta y)^2},$$

于是 $\qquad \lim\limits_{\rho \to 0} \Delta z = 0,$

因此函数 $z = f(x, y)$ 在点 (x, y) 处连续. 由此得下面的定理.

定理 1 如果函数 $z = f(x, y)$ 在点 (x, y) 处可微分，则函数在该点连续.

下面进一步讨论函数在点 (x, y) 处可微的必要条件和充分条件.

定理 2 （必要条件）如果函数 $z = f(x, y)$ 在点 (x, y) 处可微分，则该函数在点 (x, y) 处的偏导数 $\dfrac{\partial z}{\partial x}, \dfrac{\partial z}{\partial y}$ 必定存在，且函数 $z = f(x, y)$ 在点 (x, y) 的全微分为

$$\mathrm{d}z = \frac{\partial z}{\partial x}\Delta x + \frac{\partial z}{\partial y}\Delta y.$$

证 因为函数 $z = f(x, y)$ 在点 (x, y) 处可微，所以有

$$\Delta z = A\Delta x + B\Delta y + o(\rho)$$

成立.

特别地，当 $\Delta y = 0$ 时，上式也成立，此时 $\rho = |\Delta x|$.

所以

$$\Delta z = f(x + \Delta x, y) - f(x, y) = A\Delta x + o(|\Delta x|),$$

$$\frac{\partial z}{\partial x} = \lim_{\Delta x \to 0} \frac{\Delta z}{\Delta x} = \lim_{\Delta x \to 0} \frac{f(x + \Delta x, y) - f(x, y)}{\Delta x} = A,$$

从而 $\dfrac{\partial z}{\partial x}$ 存在.

同理，$\dfrac{\partial z}{\partial y} = B$，所以

$$dz = \frac{\partial z}{\partial x} \Delta x + \frac{\partial z}{\partial y} \Delta y.$$

对于一元函数而言，可导必可微；反之，可微必可导. 但是对于二元函数来说，由定理 2 可知，可微则偏导数一定存在，但反之不成立，即偏导数存在，函数不一定可微.

例 1 讨论函数 $f(x, y) = \begin{cases} \dfrac{xy}{\sqrt{x^2 + y^2}}, & x^2 + y^2 \neq 0, \\ 0, & x^2 + y^2 = 0, \end{cases}$ 在点 $(0,0)$ 处的偏导数与全微

分问题.

解 函数在点 $(0,0)$ 处有偏导数

$$f_x(0,0) = \lim_{\Delta x \to 0} \frac{f(0 + \Delta x, 0) - f(0,0)}{\Delta x} = \lim_{\Delta x \to 0} 0 = 0, \text{ 同理，} f_y(0,0) = 0, \text{ 即两偏导数}$$

存在；

但是 $\Delta z - \left[f_x(0,0)\Delta x + f_y(0,0)\Delta y \right] = \dfrac{\Delta x \Delta y}{\sqrt{(\Delta x)^2 + (\Delta y)^2}}$，

如果考虑点 $P'(\Delta x, \Delta y)$ 沿直线 $y = x$ 趋于 $(0,0)$，则

$$\lim_{\substack{\Delta x \to 0 \\ \Delta y \to 0}} \frac{\dfrac{\Delta x \Delta y}{\sqrt{(\Delta x)^2 + (\Delta y)^2}}}{\rho} = \lim_{\substack{\Delta x \to 0 \\ \Delta y \to 0}} \frac{\Delta x \Delta y}{(\Delta x)^2 + (\Delta y)^2} \xlongequal{y = x} \lim_{\Delta x \to 0} \frac{(\Delta x)^2}{(\Delta x)^2 + (\Delta x)^2} = \frac{1}{2}.$$

这表明，它不能随 $\rho \to 0$ 而趋于 0. 因此，当 $\rho \to 0$ 时，$\Delta z - \left[f_x(0,0)\Delta x + f_y(0,0)\Delta y \right]$ 不是 ρ 的高阶无穷小. 因此函数在点 $(0,0)$ 处的全微分不存在，即在点 $(0,0)$ 处是不可微的. 可见函数偏导数存在，不一定可微分，那么函数满足什么条件才可微分呢？

定理 3 （充分条件）如果函数 $z = f(x, y)$ 的偏导数 $\dfrac{\partial z}{\partial x}, \dfrac{\partial z}{\partial y}$ 在点 (x, y) 处连续，则函数 $z = f(x, y)$ 在该点的全微分存在.

证　略.

注：

（1）习惯上将自变量的增量 $\Delta x \xrightarrow{\text{记作}} \mathrm{d}x$，$\Delta y \xrightarrow{\text{记作}} \mathrm{d}y$ 称自变量的微分，则

$$\mathrm{d}z = \frac{\partial z}{\partial x}\mathrm{d}x + \frac{\partial z}{\partial y}\mathrm{d}y .$$

（2）二元函数微分定义及定理对三元及三元以上的多元函数可完全类似地加以推广，如，对三元函数 $u = f(x, y, z)$，有全微分

$$\mathrm{d}u = \frac{\partial u}{\partial x}\mathrm{d}x + \frac{\partial u}{\partial y}\mathrm{d}y + \frac{\partial u}{\partial z}\mathrm{d}z .$$

（3）全微分的计算，只要按求偏导数的方法，求出 $\dfrac{\partial u}{\partial x}, \dfrac{\partial u}{\partial y}, \dfrac{\partial u}{\partial z}$，将其代入微分公式即可.

（4）二元函数与一元函数在连续、偏导数、全微分上的区别：

对于一元函数 $y = f(x)$，

$\lim\limits_{x \to x_0} f(x)$ 存在 $\Leftarrow$ $f(x)$ 在 x_0 处连续 $\Leftarrow f(x)$ 在 x_0 处可导 $\Leftrightarrow f(x)$ 在 x_0 处可微.

对于二元函数 $z = f(x, y)$，

$\lim\limits_{\substack{x \to x_0 \\ y \to y_0}} f(x, y) = A$ 存在 $\Leftarrow$ $f(x, y)$ 在点 (x_0, y_0) 处连续 $\Leftrightarrow$ $f_x(x_0, y_0), f_y(x_0, y_0)$ 存在 $\xrightleftharpoons{\text{连续}}$ $f(x, y)$ 在点 (x_0, y_0) 处可微.

例2　计算函数 $z = x^2 y + y^2$ 的全微分.

解　因为 $\dfrac{\partial z}{\partial x} = 2xy$，$\dfrac{\partial z}{\partial y} = x^2 + 2y$，

所以
$$\mathrm{d}z = 2xy\,\mathrm{d}x + (x^2 + 2y)\mathrm{d}y .$$

例3　计算函数 $z = \mathrm{e}^{xy}$ 在点 $(2, 1)$ 处的全微分.

解　因为 $\dfrac{\partial z}{\partial x} = y\mathrm{e}^{xy}$，$\dfrac{\partial z}{\partial y} = x\mathrm{e}^{xy}$，

$$\left.\frac{\partial z}{\partial x}\right|_{\substack{x=2 \\ y=1}} = \mathrm{e}^2 , \quad \left.\frac{\partial z}{\partial y}\right|_{\substack{x=2 \\ y=1}} = 2\mathrm{e}^2 .$$

所以
$$\mathrm{d}z = \mathrm{e}^2\mathrm{d}x + 2\mathrm{e}^2\mathrm{d}y .$$

例4　设函数 $u = \dfrac{x}{y}\mathrm{e}^z$，求全微分 $\mathrm{d}u$.

解 因为 $\dfrac{\partial u}{\partial x} = \dfrac{1}{y} e^z$，$\dfrac{\partial u}{\partial y} = -\dfrac{x}{y^2} e^z$，$\dfrac{\partial u}{\partial z} = \dfrac{x}{y} e^z$，所以

$$du = e^z \left(\frac{1}{y} dx - \frac{x}{y^2} dy + \frac{x}{y} dz \right) = \frac{1}{y} e^z \left(dx - \frac{x}{y} dy + x dz \right).$$

二、全微分在近似计算中的应用

当二元函数 $z = f(x, y)$ 在点 $P(x, y)$ 处的两个偏导数 $f_x(x, y)$，$f_y(x, y)$ 连续，并且 $|\Delta x|$，$|\Delta y|$ 都较小时，有近似等式

$$\Delta z \approx dz = f_x(x, y) \Delta x + f_y(x, y) \Delta y,$$

即

$$f(x + \Delta x, y + \Delta y) \approx f(x, y) + f_x(x, y) \Delta x + f_y(x, y) \Delta y.$$

我们可以利用上述近似等式对二元函数做近似计算.

例 5 有一圆柱体，受压后发生形变，它的半径由 20 cm 增大到 20.05 cm，高度由 100 cm 减少到 99 cm. 求此圆柱体体积变化的近似值.

解 设圆柱体的底面半径、高和体积依次为 r、h 和 V，则有

$$V = \pi r^2 h .$$

已知 $r = 20$，$h = 100$，$\Delta r = 0.05$，$\Delta h = -1$. 根据近似公式，有

$$\Delta V \approx dV = V_r \Delta r + V_h \Delta h = 2\pi r h \Delta r + \pi r^2 \Delta h$$

$$= 2\pi \times 20 \times 100 \times 0.05 + \pi \times 20^2 \times (-1) = -200\pi \ (\text{cm}^3),$$

即此圆柱体在受压后体积约减少了 200π cm³.

例 6 计算 $(1.04)^{2.02}$ 的近似值.

解 设函数 $f(x, y) = x^y$. 显然，要计算的值就是函数 $f(x, y)$ 在 $x = 1.04$，$y = 2.02$ 时的函数值 $f(1.04, 2.02)$.

取 $x = 1$，$y = 2$，$\Delta x = 0.04$，$\Delta y = 0.02$. 由于

$$f(x + \Delta x, y + \Delta y) \approx f(x, y) + f_x(x, y) \Delta x + f_y(x, y) \Delta y$$

$$= x^y + y x^{y-1} \Delta x + x^y \ln x \, \Delta y,$$

所以

$$(1.04)^{2.02} \approx 1^2 + 2 \times 1^{2-1} \times 0.04 + 1^2 \times \ln 1 \times 0.02 = 1.08 .$$

习题 4-4

1. 求下列函数的全微分：

（1）$z = \arctan \dfrac{x^2}{y}$；

（2）$z = \sin \dfrac{x}{y} + \cos \dfrac{y}{x}$；

（3）$z = \ln(x^2 + y^2)$；

（4）$z = x \cos(x - y)$；

（5） $z = \mathrm{e}^{xy}$ ；　　　　　　　　　　（6） $u = x^{yz}$ ；

（7） $u = \ln(x^2 + y^2 + z^2)$ ；　　　　　（8） $u = \arctan(x - y)^z$.

2．求函数 $z = \ln(1 + x^2 + y^2)$ 在 $x=1, y=2$ 时的全微分.

3．利用全微分计算 $\sqrt{(1.02)^3 + (1.97)^3}$ 的近似值.

4．计算 $(1.97)^{1.05}$ 的近似值（ $\ln 2 \approx 0.693$ ）.

第5节　多元函数求导法则

一、多元复合函数求导法则

设函数 $z = f(u,v)$ 通过中间变量 $u = \varphi(t)$ 及 $v = \psi(t)$ 成为 t 的复合函数 $z = f[\varphi(t), \psi(t)]$ ，复合关系表示为

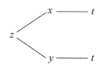

其中 u, v 为中间变量，t 为最终自变量. 下面的定理给出了求 $\dfrac{\mathrm{d}z}{\mathrm{d}t}$ 的公式.

定理　如果函数 $u = \varphi(t)$ 及 $v = \psi(t)$ 都在点 t 可导，且函数 $z = f(u,v)$ 在对应点具有连续偏导数，则复合函数 $z = f[\varphi(t), \psi(t)]$ 在点 t 可导，且其导数公式为

$$\frac{\mathrm{d}z}{\mathrm{d}t} = \frac{\partial z}{\partial u} \cdot \frac{\mathrm{d}u}{\mathrm{d}t} + \frac{\partial z}{\partial v} \cdot \frac{\mathrm{d}v}{\mathrm{d}t} .\text{（全导数）}$$

证　设 t 有增量 Δt ，相应函数 $u = \varphi(t)$ 及 $v = \psi(t)$ 的增量为 $\Delta u, \Delta v$ ，此时函数 $z = f(u,v)$ 相应获得的增量为 Δz .

又由于函数 $z = f(u,v)$ 在点 (u,v) 处可微，于是

$$\Delta z = \frac{\partial f}{\partial u} \Delta u + \frac{\partial f}{\partial v} \Delta v + \varepsilon_1 \Delta u + \varepsilon_2 \Delta v .$$

这里，当 $\Delta u \to 0, \Delta v \to 0$ 时，$\varepsilon_1 \to 0, \varepsilon_2 \to 0$. 上式除以 Δt 得

$$\frac{\Delta z}{\Delta t} = \frac{\partial f}{\partial u} \frac{\Delta u}{\Delta t} + \frac{\partial f}{\partial v} \frac{\Delta v}{\Delta t} + \varepsilon_1 \frac{\Delta u}{\Delta t} + \varepsilon_2 \frac{\Delta v}{\Delta t} .$$

当 $\Delta t \to 0$ 时，$\Delta u \to 0, \Delta v \to 0$ ，$\dfrac{\Delta u}{\Delta t} \to \dfrac{\mathrm{d}u}{\mathrm{d}t}, \dfrac{\Delta v}{\Delta t} \to \dfrac{\mathrm{d}v}{\mathrm{d}t}$ ，

所以　　$\dfrac{\mathrm{d}z}{\mathrm{d}t} = \lim\limits_{\Delta t \to 0} \dfrac{\Delta z}{\Delta t} = \dfrac{\partial f}{\partial u} \cdot \dfrac{\mathrm{d}u}{\mathrm{d}t} + \dfrac{\partial f}{\partial v} \cdot \dfrac{\mathrm{d}v}{\mathrm{d}t}$ ，即

$$\frac{\mathrm{d}z}{\mathrm{d}t} = \frac{\partial f}{\partial u} \cdot \frac{\mathrm{d}u}{\mathrm{d}t} + \frac{\partial f}{\partial v} \cdot \frac{\mathrm{d}v}{\mathrm{d}t} = \frac{\partial z}{\partial u} \cdot \frac{\mathrm{d}u}{\mathrm{d}t} + \frac{\partial z}{\partial v} \cdot \frac{\mathrm{d}v}{\mathrm{d}t} .$$

此时，$\dfrac{\mathrm{d}z}{\mathrm{d}t} = \dfrac{\partial z}{\partial u} \cdot \dfrac{\mathrm{d}u}{\mathrm{d}t} + \dfrac{\partial z}{\partial v} \cdot \dfrac{\mathrm{d}v}{\mathrm{d}t}$ 从形式上看是全微分 $\mathrm{d}z = \dfrac{\partial z}{\partial u} \mathrm{d}u + \dfrac{\partial z}{\partial v} \mathrm{d}v$ 两端除以 $\mathrm{d}t$

得到的，常将 $\dfrac{\mathrm{d}z}{\mathrm{d}t}$ 称为全导数.

注：

（1）若 $z = f(u,v,w)$，$u = \varphi(t)$，$v = \psi(t)$，$w = w(t)$ 复合而成的复合函数 $z = f\big[\varphi(t),\psi(t),w(t)\big]$ 满足该定理的条件，则有全导数公式

$$\frac{\mathrm{d}z}{\mathrm{d}t} = \frac{\partial z}{\partial u} \cdot \frac{\mathrm{d}u}{\mathrm{d}t} + \frac{\partial z}{\partial v} \cdot \frac{\mathrm{d}v}{\mathrm{d}t} + \frac{\partial z}{\partial w} \cdot \frac{\mathrm{d}w}{\mathrm{d}t} .$$

（2）该定理可推广到中间变量和自变量多于一个的情况. 例如，函数 $z = f(u,v)$ 在对应点 (u,v) 处具有连续的偏导数，而 $u = \varphi(x,y)$ 及 $v = \psi(x,y)$ 在点 (x,y) 具有偏导数，则复合函数 $z = f\big[\varphi(x,y),\psi(x,y)\big]$ 在点 (x,y) 的两个偏导数存在，且有公式

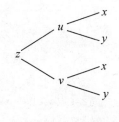

$$\frac{\partial z}{\partial x} = \frac{\partial z}{\partial u} \cdot \frac{\partial u}{\partial x} + \frac{\partial z}{\partial v} \cdot \frac{\partial v}{\partial x} ,$$

$$\frac{\partial z}{\partial y} = \frac{\partial z}{\partial u} \cdot \frac{\partial u}{\partial y} + \frac{\partial z}{\partial v} \cdot \frac{\partial v}{\partial y} .$$

（3）函数 $z = f(u,x,y)$ 可微，$u = \varphi(x,y)$ 具有偏导数，则复合函数 $z = f[\varphi(x,y),x,y]$ 在点 (x,y) 的偏导数存在，且有公式

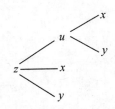

$$\frac{\partial z}{\partial x} = \frac{\partial f}{\partial u} \cdot \frac{\partial u}{\partial x} + \frac{\partial f}{\partial x} ,$$

$$\frac{\partial z}{\partial y} = \frac{\partial f}{\partial u} \cdot \frac{\partial u}{\partial y} + \frac{\partial f}{\partial y} .$$

注意 $\dfrac{\partial z}{\partial x}$ 与 $\dfrac{\partial f}{\partial x}$ 的区别：

$\dfrac{\partial z}{\partial x}$ 是把函数 $f\big[\varphi(x,y),x,y\big]$ 中的 y 看成常数，对 x 求偏导数；

$\dfrac{\partial f}{\partial x}$ 是把 $f(u,x,y)$ 中的 u,y 看成常数，对 x 求偏导数.

前者是复合后对 x 的偏导数，后者是复合前对 x 的偏导数.

例 1 设函数 $u = x^y$，而 $x = \mathrm{e}^t$，$y = \sin t$，求全导数 $\dfrac{\mathrm{d}u}{\mathrm{d}t}$.

解 $\dfrac{\mathrm{d}u}{\mathrm{d}t}=\dfrac{\partial u}{\partial x}\cdot\dfrac{\mathrm{d}x}{\mathrm{d}t}+\dfrac{\partial u}{\partial y}\cdot\dfrac{\mathrm{d}y}{\mathrm{d}t}=yx^{y-1}\mathrm{e}^t+x^y\ln x\cos t=\mathrm{e}^{t\sin t}(\sin t+t\cos t).$

例 2 设函数 $z=u^v$，而 $u=3x^2+y^2$，$v=4x+2y$，求 $\dfrac{\partial z}{\partial x},\dfrac{\partial z}{\partial y}$.

解 $\dfrac{\partial z}{\partial x}=\dfrac{\partial z}{\partial u}\cdot\dfrac{\partial u}{\partial x}+\dfrac{\partial z}{\partial v}\cdot\dfrac{\partial v}{\partial x}=vu^{v-1}\cdot 6x+u^v\ln u\cdot 4$

$\qquad =6x(4x+2y)(3x^2+y^2)^{4x+2y-1}+4(3x^2+y^2)^{4x+2y}\ln(3x^2+y^2),$

$\dfrac{\partial z}{\partial y}=\dfrac{\partial z}{\partial u}\cdot\dfrac{\partial u}{\partial y}+\dfrac{\partial z}{\partial v}\cdot\dfrac{\partial v}{\partial y}=vu^{v-1}\cdot 2y+2u^v\ln u$

$\qquad =2y(4x+2y)(3x^2+y^2)^{4x+2y-1}+2(3x^2+y^2)^{4x+2y}\ln(3x^2+y^2).$

例 3 设函数 $u=f(x,y,z)=\mathrm{e}^{x^2+y^2+z^2}$，而 $z=x^2\sin y$，求 $\dfrac{\partial u}{\partial x}$ 和 $\dfrac{\partial u}{\partial y}$.

解 $\dfrac{\partial u}{\partial x}=\dfrac{\partial f}{\partial x}+\dfrac{\partial f}{\partial z}\cdot\dfrac{\partial z}{\partial x}=2x\mathrm{e}^{x^2+y^2+z^2}+2z\mathrm{e}^{x^2+y^2+z^2}\cdot 2x\sin y$

$\qquad =2x(1+2x^2\sin^2 y)\mathrm{e}^{x^2+y^2+x^4\sin^2 y},$

$\dfrac{\partial u}{\partial y}=\dfrac{\partial f}{\partial y}+\dfrac{\partial f}{\partial z}\cdot\dfrac{\partial z}{\partial y}=2y\mathrm{e}^{x^2+y^2+z^2}+2z\mathrm{e}^{x^2+y^2+z^2}\cdot x^2\cos y$

$\qquad =2(y+x^4\sin y\cos y)\mathrm{e}^{x^2+y^2+x^4\sin^2 y}.$

例 4 设函数 $z=uv+\sin t$，而 $u=\mathrm{e}^t$，$v=\cos t$，求全导数 $\dfrac{\mathrm{d}z}{\mathrm{d}t}$.

解 $\dfrac{\mathrm{d}z}{\mathrm{d}t}=\dfrac{\partial z}{\partial u}\cdot\dfrac{\mathrm{d}u}{\mathrm{d}t}+\dfrac{\partial z}{\partial v}\cdot\dfrac{\mathrm{d}v}{\mathrm{d}t}+\dfrac{\partial z}{\partial t}$

$\qquad =v\mathrm{e}^t+u(-\sin t)+\cos t=\mathrm{e}^t(\cos t-\sin t)+\cos t.$

例 5 设抽象函数 $z=f(x^2-y^2,\mathrm{e}^{xy})$，其中 f 的偏导数连续，求 $\dfrac{\partial z}{\partial x},\dfrac{\partial z}{\partial y}$.

解 记 $u=x^2-y^2$，$v=\mathrm{e}^{xy}$，则

$$\dfrac{\partial z}{\partial x}=\dfrac{\partial z}{\partial u}\cdot\dfrac{\partial u}{\partial x}+\dfrac{\partial z}{\partial v}\cdot\dfrac{\partial v}{\partial x}$$

$$=f_1'\cdot 2x+f_2'\cdot y\mathrm{e}^{xy}=2xf_1'+y\mathrm{e}^{xy}f_2',$$

$$\dfrac{\partial z}{\partial y}=\dfrac{\partial z}{\partial u}\cdot\dfrac{\partial u}{\partial y}+\dfrac{\partial z}{\partial v}\cdot\dfrac{\partial v}{\partial y}$$

$$= f_1' \cdot (-2y) + f_2' \cdot xe^{xy} = -2yf_1' + xe^{xy}f_2',$$

其中 $f_1' = \dfrac{\partial z}{\partial u} = \dfrac{\partial f(u,v)}{\partial u}$，$f_2' = \dfrac{\partial z}{\partial v} = \dfrac{\partial f(u,v)}{\partial v}$.

例 6　设复合函数 $z = f\left(2x+3y, \dfrac{x}{y}\right)$，其中 $f(u,v)$ 对 u,v 具有二阶连续偏导数，

求 $\dfrac{\partial^2 z}{\partial x \partial y}$.

解　$\dfrac{\partial z}{\partial x} = \dfrac{\partial z}{\partial u} \cdot \dfrac{\partial u}{\partial x} + \dfrac{\partial z}{\partial v} \cdot \dfrac{\partial v}{\partial x} = 2f_1' + \dfrac{1}{y}f_2'$，

$$\dfrac{\partial^2 z}{\partial x \partial y} = \dfrac{\partial}{\partial y}\left(2f_1' + \dfrac{1}{y}f_2'\right) = 2\dfrac{\partial f_1'}{\partial y} + \dfrac{\partial}{\partial y}\left(\dfrac{1}{y}f_2'\right)$$

$$= 2\left[f_{11}'' \cdot 3 + f_{12}'' \cdot \left(-\dfrac{x}{y^2}\right)\right] - \dfrac{1}{y^2}f_2' + \dfrac{1}{y}\left[f_{21}'' \cdot 3 + f_{22}'' \cdot \left(-\dfrac{x}{y^2}\right)\right]$$

$$= 6f_{11}'' - \dfrac{x}{y^3}f_{22}'' + \dfrac{3y-2x}{y^2}f_{12}'' - \dfrac{1}{y^2}f_2',$$

其中，$f_{11}'' = \dfrac{\partial^2 z}{\partial u^2}$，$f_{12}'' = \dfrac{\partial^2 z}{\partial u \partial v}$，$f_{21}'' = \dfrac{\partial^2 z}{\partial v \partial u}$，$f_{22}'' = \dfrac{\partial^2 z}{\partial v^2}$.

二、全微分形式不变性

设函数 $z = f(u,v)$ 具有连续的偏导数，则全微分为

$$dz = \dfrac{\partial z}{\partial u}du + \dfrac{\partial z}{\partial v}dv.$$

若函数 $u = \varphi(x,y)$，$v = \psi(x,y)$ 有连续的偏导数，则复合函数 $z = f[\varphi(x,y), \psi(x,y)]$

的全微分为

$$dz = \dfrac{\partial z}{\partial x}dx + \dfrac{\partial z}{\partial y}dy$$

$$= \left(\dfrac{\partial z}{\partial u} \cdot \dfrac{\partial u}{\partial x} + \dfrac{\partial z}{\partial v} \cdot \dfrac{\partial v}{\partial x}\right)dx + \left(\dfrac{\partial z}{\partial u} \cdot \dfrac{\partial u}{\partial y} + \dfrac{\partial z}{\partial v} \cdot \dfrac{\partial v}{\partial y}\right)dy$$

$$= \dfrac{\partial z}{\partial u}\left(\dfrac{\partial u}{\partial x}dx + \dfrac{\partial u}{\partial y}dy\right) + \dfrac{\partial z}{\partial v}\left(\dfrac{\partial v}{\partial x}dx + \dfrac{\partial v}{\partial y}dy\right)$$

$$= \dfrac{\partial z}{\partial u}du + \dfrac{\partial z}{\partial v}dv.$$

可见，无论 z 是自变量 x,y 的函数还是中间变量 u,v 的函数，它的全微分形式是一样的，这个性质叫**全微分形式不变性**.

例 7 利用全微分形式不变性求微分 $dz = d(e^u \sin v)$，其中 $u = xy$，$v = x + y$.

解 因为 $dz = d(e^u \sin v) = e^u \sin v du + e^u \cos v dv$，

又因为 $du = d(xy) = y dx + x dy$，$dv = d(x+y) = dx + dy$，

所以 $dz = e^u \sin v \cdot (y dx + x dy) + e^u \cos v (dx + dy)$

$$= (e^u \sin v \cdot y + e^u \cos v) dx + (e^u \sin v \cdot x + e^u \cos v) dy$$

$$= e^{xy} \left[y \sin(x+y) + \cos(x+y) \right] dx + e^{xy} \left[x \sin(x+y) + \cos(x+y) \right] dy.$$

若先求出 $\dfrac{\partial z}{\partial x} = e^{xy} \left[y \sin(x+y) + \cos(x+y) \right]$，$\dfrac{\partial z}{\partial y} = e^{xy} \left[x \sin(x+y) + \cos(x+y) \right]$，再代

入公式 $dz = \dfrac{\partial z}{\partial x} dx + \dfrac{\partial z}{\partial y} dy$，则结果完全一样.

三、隐函数求导法则

在一元函数微分学中，我们介绍了求由方程 $F(x, y) = 0$ 所确定的隐函数 $y = f(x)$ 的导数的方法. 现在，我们根据多元复合函数求导法则来推导隐函数的求导公式，并推广到多元隐函数的情况（隐函数存在定理）.

定理 2 设函数 $F(x,y)$ 满足条件：

（1）在点 $P_0(x_0, y_0)$ 的某一邻域内具有连续的偏导数，

（2）$F(x_0, y_0) = 0$，

（3）$F_y(x_0, y_0) \neq 0$，

则方程 $F(x,y)=0$ 在点 (x_0, y_0) 的某一邻域内恒能唯一确定一个单值连续且具有连续导数的函数 $y=f(x)$，它满足条件 $y_0 = f(x_0)$，并有导数公式

$$\frac{dy}{dx} = -\frac{F_x}{F_y}.$$

证 将 $y=f(x)$ 代入 $F(x, y)=0$，得恒等式

$$F[x, f(x)] \equiv 0,$$

等式两边对 x 求导得

$$\frac{\partial F}{\partial x} + \frac{\partial F}{\partial y} \cdot \frac{dy}{dx} = 0,$$

由于 F_y 连续，且 $F_y(x_0, y_0) \neq 0$，所以存在 (x_0, y_0) 的一个邻域，在这个邻域内 $F_y \neq 0$，于是得

$$\frac{\mathrm{d}y}{\mathrm{d}x} = -\frac{F_x}{F_y}.$$

注：求偏导数 F_x 时，将函数 $F(x, y)$ 中的 y 视为常数，对 x 求偏导数；

求偏导数 F_y 时，将函数 $F(x, y)$ 中的 x 视为常数，对 y 求偏导数.

例 8 验证方程 $y = xe^y + 1$ 在点 $(0,1)$ 的某一邻域内能唯一确定一个单值连续且具有连续导数的隐函数 $y = f(x)$，当 $x = 0$ 时，$y = 1$，并求这个函数的一阶与二阶导数在 $x = 0$ 处的导数值.

解 设函数 $F(x, y) = xe^y - y + 1$，则 $F_x = e^y$，$F_y = xe^y - 1$，显然偏导数连续，且 $F(0,1) = 0$，又 $F_y(0,1) = -1 \neq 0$，因此方程 $y = xe^y + 1$ 在点 $(0,1)$ 的邻域内能唯一确定一个单值连续且具有连续导数的隐函数 $y = f(x)$，当 $x = 0$ 时，$y = 1$. 有导数

$$\frac{\mathrm{d}y}{\mathrm{d}x} = -\frac{F_x}{F_y} = \frac{e^y}{1 - xe^y} = \frac{e^y}{2 - y},$$

$$\left.\frac{\mathrm{d}y}{\mathrm{d}x}\right|_{x=0} = e;$$

二阶导数为

$$\frac{\mathrm{d}^2 y}{\mathrm{d}x^2} = \frac{e^y y'(2 - y) + e^y y'}{(2 - y)^2} = \frac{e^y(3 - y)}{(2 - y)^2} y' = \frac{e^{2y}(3 - y)}{(2 - y)^3},$$

$$\left.\frac{\mathrm{d}^2 y}{\mathrm{d}x^2}\right|_{x=0} = \frac{e^2(3 - 1)}{(2 - 1)^3} = 2e^2.$$

如果函数 $F(x, y)$ 的二阶偏导数连续，可求出二阶导数公式：

$$\frac{\mathrm{d}^2 y}{\mathrm{d}x^2} = \frac{\partial}{\partial x}\left(-\frac{F_x}{F_y}\right) + \frac{\partial}{\partial y}\left(-\frac{F_x}{F_y}\right) \cdot \frac{\mathrm{d}y}{\mathrm{d}x}$$

$$= -\frac{F_{xx} F_y - F_{yx} F_x}{F_y^2} - \frac{F_{xy} F_y - F_{yy} F_x}{F_y^2}\left(-\frac{F_x}{F_y}\right)$$

$$= -\frac{F_{xx} F_y^2 - 2F_{xy} F_x F_y + F_{yy} F_x^2}{F_y^3}.$$

隐函数存在定理还可以推广到多元函数. 一个二元方程 $F(x, y) = 0$ 可以确定一个一元隐函数，一个三元方程 $F(x, y, z) = 0$ 可以确定一个二元隐函数.

定理 3 设函数 $F(x, y, z)$ 在点 $P(x_0, y_0, z_0)$ 的某一邻域内具有连续的偏导数，且 $F(x_0, y_0, z_0) = 0$，$F_z(x_0, y_0, z_0) \neq 0$，则方程 $F(x, y, z) = 0$ 在点 (x_0, y_0, z_0) 的某一邻域内恒能唯一确定一个连续且具有连续偏导数的函数 $z = f(x, y)$，它满足条件 $z_0 = f(x_0, y_0)$，并有

$$\frac{\partial z}{\partial x} = -\frac{F_x}{F_z}, \quad \frac{\partial z}{\partial y} = -\frac{F_y}{F_z}.$$

证 将 $z = f(x, y)$ 代入 $F(x, y, z) = 0$，得 $F[x, y, f(x, y)] \equiv 0$，

将上式两端分别对 x 和 y 求导，得

$$F_x + F_z \cdot \frac{\partial z}{\partial x} = 0 , \quad F_y + F_z \cdot \frac{\partial z}{\partial y} = 0 .$$

因为 F_z 连续且 $F_z(x_0, y_0, z_0) \neq 0$，所以存在点 (x_0, y_0, z_0) 的一个邻域，使 $F_z \neq 0$，于是得

$$\frac{\partial z}{\partial x} = -\frac{F_x}{F_z} , \quad \frac{\partial z}{\partial y} = -\frac{F_y}{F_z} .$$

例 9 已知方程 $x^2 + y^2 + z^2 - 4z = 0$，求 $\dfrac{\partial z}{\partial x}, \dfrac{\partial z}{\partial y}, \dfrac{\partial^2 z}{\partial x \partial y}$.

解 （方法 1）设函数 $F(x, y, z) = x^2 + y^2 + z^2 - 4z$. 则

$$F_x = 2x , \quad F_z = 2z - 4 , \quad F_y = 2y .$$

于是

$$\frac{\partial z}{\partial x} = -\frac{2x}{2z - 4} = \frac{x}{2 - z} , \quad \frac{\partial z}{\partial y} = -\frac{2y}{2z - 4} = \frac{y}{2 - z} .$$

式 $\dfrac{\partial z}{\partial x} = \dfrac{x}{2 - z}$ 中再对 y 求偏导数，得

$$\frac{\partial^2 z}{\partial x \partial y} = \frac{x \dfrac{\partial z}{\partial y}}{(2 - z)^2} = \frac{x \left(\dfrac{y}{2 - z} \right)}{(2 - z)^2} = \frac{xy}{(2 - z)^3} .$$

（方法 2）方程 $x^2 + y^2 + z^2 - 4z = 0$ 两边对 x 求偏导数，得

$$2x + 2z \frac{\partial z}{\partial x} - 4 \frac{\partial z}{\partial x} = 0 , \quad 解得 \frac{\partial z}{\partial x} = -\frac{2x}{2z - 4} = \frac{x}{2 - z} ,$$

同理得 $\dfrac{\partial z}{\partial y} = -\dfrac{2y}{2z - 4} = \dfrac{y}{2 - z}$.

以下过程同方法 1.

例 10 设方程 $G\left(\dfrac{x}{z}, \dfrac{y}{z} \right) = 0$ 确定函数 $z = z(x, y)$，且 $G(u, v)$ 的偏导数存在，求 $\dfrac{\partial z}{\partial x}, \dfrac{\partial z}{\partial y}$.

解 令 $F(x, y, z) = G\left(\dfrac{x}{z}, \dfrac{y}{z} \right) = G(u, v)$，其中 $u = \dfrac{x}{z}, v = \dfrac{y}{z}$，

$$F_x = G_1 \cdot \frac{1}{z} , \quad F_y = G_2 \cdot \frac{1}{z} , \quad F_z = G_1 \left(-\frac{x}{z^2} \right) + G_2 \left(-\frac{y}{z^2} \right) = \frac{-1}{z^2} (x G_1 + y G_2) , \quad 则$$

$$\frac{\partial z}{\partial x} = -\frac{F_x}{F_z} = \frac{\dfrac{1}{z} G_1}{\dfrac{1}{z^2} (x G_1 + y G_2)} = \frac{z G_1}{x G_1 + y G_2} ,$$

$$\frac{\partial z}{\partial y} = -\frac{F_y}{F_z} = \frac{\dfrac{1}{z}G_2}{\dfrac{1}{z^2}(xG_1 + yG_2)} = \frac{zG_2}{xG_1 + yG_2} \, .$$

习题 4-5

1．设 $z = ue^v$ ，而 $u = x^2 + y^2$ ， $v = x^3 - y^3$ ，求 $\dfrac{\partial z}{\partial x}, \dfrac{\partial z}{\partial y}$ ．

2．设 $z = u^2 \ln v$ ，而 $u = \dfrac{x}{y}$ ， $v = 3x - 2y$ ，求 $\dfrac{\partial z}{\partial x}, \dfrac{\partial z}{\partial y}$ ．

3．设 $z = e^{x-2y}$ ，而 $x = \sin t$ ， $y = t^3$ ，求 $\dfrac{dz}{dt}$ ．

4．设 $z = \arctan(xy)$ ，而 $y = e^x$ ，求 $\dfrac{dz}{dx}$ ．

5．求下列函数的一阶偏导数（其中 f 具有一阶连续偏导数）：

（1） $u = f(x^2 - y^2, e^{xy})$ ；   （2） $u = f\left(\dfrac{x}{y}, \dfrac{y}{z}\right)$ ；

（3） $u = f(x, xy, xyz)$ ．

6．验证 $u = \phi(x^2 + y^2)$ 满足方程 $y\dfrac{\partial u}{\partial x} - x\dfrac{\partial u}{\partial y} = 0$ ．

7．设 $z = xy + xF(u)$ ，而 $u = \dfrac{y}{x}$ ， $F(u)$ 为可导函数，证明 $x\dfrac{\partial z}{\partial x} + y\dfrac{\partial z}{\partial y} = z + xy$ ．

8．设 $y = x^y$ ，求 $\dfrac{dy}{dx}$ ．

9．设 $\ln\sqrt{x^2 + y^2} = \arctan\dfrac{y}{x}$ ，求 $\dfrac{dy}{dx}$ ．

10．设 $xyz = \sin z$ ，求 $\dfrac{\partial z}{\partial x}$ ．

11．设 $\ln\dfrac{z}{y} = \dfrac{x}{z}$ ，求 $\dfrac{\partial z}{\partial x}, \dfrac{\partial z}{\partial y}$ ．

12．设 $F(x^2 - y^2, y^2 + z^2) = 0$ ，求 $\dfrac{\partial z}{\partial x}$ ．

13．设 $\phi(u,v)$ 具有连续偏导数，证明由方程 $\phi(cx - az, cy - bz) = 0$ 所确定的函数

$z = f(x,y)$ 满足 $a\dfrac{\partial z}{\partial x} + b\dfrac{\partial z}{\partial y} = c$ ．

第6节　多元函数的极值

在生产实践中，往往会遇到求多元函数的最大值、最小值问题．与一元函数相类似，多元函数的最大值、最小值与极大值、极小值有密切的关系．因此以二元函数为例，先来讨论多元函数的极值问题．

一、多元函数的极值与最大值、最小值

定义　设函数 $z=f(x,y)$ 在点 (x_0,y_0) 的某个邻域内有定义，对于该邻域内的所有 $(x,y)\neq(x_0,y_0)$，如果总有 $f(x,y)<f(x_0,y_0)$，则称函数 $z=f(x,y)$ 在点 (x_0,y_0) 处有极大值；如果总有 $f(x,y)>f(x_0,y_0)$，则称函数 $z=f(x,y)$ 在点 (x_0,y_0) 处有极小值．函数的极大值、极小值统称为极值，使函数取得极值的点称为极值点．

例1　函数 $z=3x^2+4y^2$ 在点 $(0,0)$ 处有极小值．

证　当 $(x,y)=(0,0)$ 时，$z=0$，而当 $(x,y)\neq(0,0)$ 时，$z>0$．因此 $z=0$ 是函数的极小值．

例2　函数 $z=-\sqrt{x^2+y^2}$ 在点 $(0,0)$ 处有极大值．

证　当 $(x,y)=(0,0)$ 时，$z=0$，而当 $(x,y)\neq(0,0)$ 时，$z<0$．因此 $z=0$ 是函数的极大值．

例3　函数 $z=xy$ 在点 $(0,0)$ 处既不取得极大值，也不取得极小值．

证　因为点 $(0,0)$ 处的函数值为零，而在点 $(0,0)$ 的任一邻域内，总有使函数值为正的点，也有使函数值为负的点．

设函数 $z=f(x,y)$ 在点 (x_0,y_0) 取得极值，如果将函数 $z=f(x,y)$ 中的变量 y 固定，令 $y=y_0$，则 $z=f(x,y_0)$ 是一元函数，它在 $x=x_0$ 处取得极值．根据一元函数极值存在的必要条件，有 $f_x(x_0,y_0)=0$．同理，有 $f_y(x_0,y_0)=0$．由此，得到下面的定理．

定理1（必要条件）　设函数 $z=f(x,y)$ 在点 (x_0,y_0) 具有偏导数，且在点 (x_0,y_0) 处有极值，则它在该点的偏导数必然为零，即 $f_x(x_0,y_0)=0$，$f_y(x_0,y_0)=0$．

注　（1）使 $f_x(x_0,y_0)=0$，$f_y(x_0,y_0)=0$ 同时成立的点 (x_0,y_0) 称为函数 $z=f(x,y)$ 的驻点．

（2）由定理1可知，具有偏导数的函数，其极值点一定是驻点；但是函数的驻点不一定是极值点．例如，函数 $z=xy$ 在点 $(0,0)$ 处的两个偏导数都是零，点 $(0,0)$ 是函数的驻点，但 $(0,0)$ 点不是极值点．

因此定理1只给出了二元函数有极值的必要条件．那么，我们如何判定二元函数的驻点为极值点呢？对极值点又如何区分极大值点和极小值点？有下面的定理：

定理 2（充分条件） 设函数 $z=f(x,y)$ 在点 (x_0,y_0) 的某邻域内连续且有一阶及二阶连续偏导数，又 $f_x(x_0,y_0)=0$，$f_y(x_0,y_0)=0$，令 $f_{xx}(x_0,y_0)=A$，$f_{xy}(x_0,y_0)=B$，$f_{yy}(x_0,y_0)=C$，则 $f(x,y)$ 在 (x_0,y_0) 处是否取得极值的条件如下：

（1）$AC-B2>0$ 时具有极值，且当 $A<0$ 时有极大值，当 $A>0$ 时有极小值；

（2）$AC-B2<0$ 时没有极值；

（3）$AC-B2=0$ 时可能有极值，也可能没有极值．

证 略．

极值点不一定是驻点，也有可能是偏导数不存在的点．例如，函数 $z=-\sqrt{x^2+y^2}$ 在点 $(0,0)$ 处有极大值，但 $(0,0)$ 不是函数的驻点．因此，在考虑函数的极值问题时，除了考虑函数的驻点外，如果有偏导数不存在的点，那么对这些点也应当予以考虑．

由此得求函数 $z=f(x,y)$ 的极值的步骤：

（1）解方程组 $f_x(x_0,y_0)=0$，$f_y(x_0,y_0)=0$，求得一切实数解，即可求得一切驻点 $(x_1,y_1),(x_2,y_2),\cdots,(x_n,y_n)$；

（2）对于每一个驻点 (x_i,y_i) $(i=1,2,\cdots,n)$，求出二阶偏导数的值 A,B,C；

（3）确定 $AC-B^2$ 的符号，按定理 2 的结论判定 $f(x_i,y_i)$ 是否是极值，是极大值还是极小值；

（4）考察函数 $f(x,y)$ 是否有导数不存在的点，若有，判别是否为极值点．

例 4 求函数 $f(x,y)=x^3-y^3+3x^2+3y^2-9x$ 的极值．

解 先解方程组 $\begin{cases}f_x=3x^2+6x-9=0,\\f_y=-3y^2+6y=0,\end{cases}$ 求得驻点为 $(1,0),(1,2),(-3,0),(-3,2)$，再求出二阶偏导函数 $A=f_{xx}=6x+6$，$B=f_{xy}=0$，$C=f_{yy}=-6y+6$．

在点 $(1,0)$ 处，$AC-B^2=12\times6=72>0$，又 $A>0$，所以函数在点 $(1,0)$ 处有极小值，为 $f(1,0)=-5$；

在点 $(1,2)$ 处，$AC-B^2=-72<0$，所以 $f(1,2)$ 不是极值；

在点 $(-3,0)$ 处，$AC-B^2=-72<0$，所以 $f(-3,0)$ 不是极值；

在点 $(-3,2)$ 处，$AC-B^2=72>0$，又 $A<0$，所以函数在点 $(-3,2)$ 处有极大值，为 $f(-3,2)=31$．

我们知道，如果函数 $f(x,y)$ 在有界闭区域 D 上连续，则 $f(x,y)$ 在 D 上必能取得最大值和最小值，并且，函数的最大、最小值点必在函数的极值点或在 D 的边界点中取得．因此，要求函数的最值点，我们只需求出函数的驻点和偏导数不存在的点处的函数值，以及边界上的最大、最小值，然后加以比较即可．

在实际问题中，根据问题的性质，知道函数 $f(x,y)$ 的最值一定在区域 D 的内部取得，而函数在 D 内只有一个驻点，那么可以肯定该驻点处的函数值就是函数

$f(x, y)$ 在 D 上的最值.

例 5 某厂要用铁板做成一个体积为 $8\ \mathrm{m}^3$ 的有盖长方体水箱. 问：当长、宽、高各取多少时，才能使用料最省？

解 设水箱的长为 $x\ \mathrm{m}$，宽为 $y\ \mathrm{m}$，则其高应为 $\dfrac{8}{xy}\ \mathrm{m}$. 此水箱所用材料的面积为

$$A = 2\left(xy + y \cdot \frac{8}{xy} + x \cdot \frac{8}{xy}\right) = 2\left(xy + \frac{8}{x} + \frac{8}{y}\right)\ (x > 0, y > 0).$$

令 $A_x = 2\left(y - \dfrac{8}{x^2}\right) = 0$，$A_y = 2\left(x - \dfrac{8}{y^2}\right) = 0$，得 $x=2, y=2$.

根据题意可知，水箱所用材料面积的最小值一定存在，并在开区域 $D = \{(x, y)|x > 0, y > 0\}$ 内取得. 因为函数 A 在 D 内只有一个驻点，所以，此驻点一定是 A 的最小值点，即当水箱的长为 $2\ \mathrm{m}$、宽为 $2\ \mathrm{m}$、高为 $\dfrac{8}{2 \times 2} = 2$（m）时，水箱所用的材料最省.

因此 A 在 D 内的唯一驻点 $(2, 2)$ 处取得最小值，

即长为 $2\ \mathrm{m}$、宽为 $2\ \mathrm{m}$、高为 $2\ \mathrm{m}$ 时，所用材料最省.

二、条件极值与拉格朗日乘数法

在研究函数的极值时，如果对函数的自变量除了限制在定义域内取值外，还有其他附加的约束条件，这类极值问题就称为条件极值问题. 例如，求函数 $z = x^2 + y^2$ 在条件 $x + y = 1$ 下的极值，这时自变量受到约束，不能在整个函数定义域上求极值，而只能在定义域的一部分，即直线 $x + y = 1$ 上求极值，这就是条件极值问题. 有时可把条件极值化为无条件极值，如此例从条件中解出 $y = 1 - x$，代入 $z = x^2 + y^2$ 中，得 $z = x^2 + (1 - x)^2 = 2x^2 - 2x + 1$，成为一元函数极值问题. 但是在很多情形下，将条件极值化为无条件极值并不这样简单，我们另有一种直接寻求条件极值的方法，可不必先把问题化为无条件极值的问题. 这就是下面介绍的拉格朗日乘数法.

拉格朗日乘数法

求函数 $z = f(x, y)$ 在条件 $\varphi(x, y) = 0$ 下的可能的极值点.

（1）构造辅助函数

$F(x, y) = f(x, y) + \lambda\varphi(x, y)$（$\lambda$ 为常数）；

（2）求函数 F 对 x，y 的偏导数，并使之为零，解方程组

$$\begin{cases} f_x(x,y) + \lambda \varphi_x(x,y) = 0, \\ f_y(x,y) + \lambda \varphi_y(x,y) = 0, \\ \varphi(x,y) = 0, \end{cases}$$

得 x, y, λ，其中 x, y 就是函数在条件 $\varphi(x,y) = 0$ 下的可能的极值点的坐标；

（3）确定所求点是否为极值点，在实际问题中往往可根据实际问题本身的性质来判定.

拉格朗日乘数法推广

求函数 $u = f(x,y,z,t)$ 在条件 $\varphi(x,y,z,t) = 0$，$\psi(x,y,z,t) = 0$ 下的可能的极值点.

构造辅助函数

$$F(x,y,z,t) = f(x,y,z,t) + \lambda_1 \varphi(x,y,z,t) + \lambda_2 \psi(x,y,z,t) .$$

其中 λ_1, λ_2 为常数，求函数 F 对 x, y, z 的偏导数，并使之为零，解方程组

$$\begin{cases} f_x + \lambda_1 \varphi_x + \lambda_2 \psi_x = 0, \\ f_y + \lambda_1 \varphi_y + \lambda_2 \psi_y = 0, \\ f_z + \lambda_1 \varphi_z + \lambda_2 \psi_z = 0, \\ f_t + \lambda_1 \varphi_t + \lambda_2 \psi_t = 0, \\ \varphi(x,y,z,t) = 0, \\ \psi(x,y,z,t) = 0, \end{cases}$$

得到的 x, y, z 就是函数 $u = f(x,y,z,t)$ 在条件 $\varphi(x,y,z,t) = 0$，$\psi(x,y,z,t) = 0$ 下的可能的极值点的坐标.

例 6 求表面积为 a^2 而体积为最大的长方体的体积.

解 设长方体的三棱长为 x, y, z，则问题就是在条件

$$2(xy + yz + xz) = a^2$$

下求函数 $V = xyz$ 的最大值.

构造辅助函数

$$F(x,y,z) = xyz + (2xy + 2yz + 2xz - a^2),$$

解方程组

$$\begin{cases} F_x(x,y,z) = yz + 2\lambda(y+z) = 0, \\ F_y(x,y,z) = xz + 2\lambda(x+z) = 0, \\ F_z(x,y,z) = xy + 2\lambda(y+x) = 0, \\ 2xy + 2yz + 2xz = a^2, \end{cases}$$

得 $x = y = z = \dfrac{\sqrt{6}}{6}a$，

这是唯一可能的极值点. 由问题本身可知最大值一定存在，所以最大值就在这个可能的极值点处取得. 此时 $V = \dfrac{\sqrt{6}}{36}a^3$.

习题 4-6

1. 求下列函数的极值：

（1）$f(x,y) = x^3 - 4x^2 + 2xy - y^2$；　　（2）$f(x,y) = 4(x-y) - x^2 - y^2$；

（3）$f(x,y) = x^2 + y^2 + z^2$.

2. 求下列函数在指定条件下的极值：

（1）$z = xy$，当 $2x + y = 1$ 时；

（2）$z = x - 2y$，当 $x^2 + y^2 = 1$ 时；

（3）$u = x + y + z$，当 $\dfrac{1}{x} + \dfrac{1}{y} + \dfrac{1}{z} = 1$，$x > 0$，$y > 0$，$z > 0$ 时.

3. 要造一个体积等于定数 k 的长方体无盖水池，应如何选择水池的尺寸，方可使它的表面积最小？

4. 已知矩形的周长为 $2P$，将它绕其一边旋转而构成一个立体图形，求使所得立体图形体积为最大的那个矩形的尺寸.

5. 在椭圆 $x^2 + 4y^2 = 4$ 上求一点，使其到直线 $2x + 3y - 6 = 0$ 的距离最近.

本 章 小 结

本章主要讨论了多元函数偏导数和全微分的概念，介绍了求多元复合函数偏导数、隐函数偏导数以及多元函数极值的方法.

多元函数的自变量不止一个. 在二元函数 $z = f(x,y)$ 中，如果只有自变量 x 变化，而另一个自变量 y 固定（看作常量），这时函数可看作 x 的一元函数，这函数对 x 的导数就称为二元函数 $z = f(x,y)$ 对 x 的偏导数；同样，若自变量 y 变化，而自变量 x 固定不变，函数就可以看作 y 的一元函数，它对 y 的导数就称为二元函数 $z = f(x,y)$ 对 y 的偏导数.

如果函数 $z = f(x,y)$ 在点 (x,y) 的全增量

$$\Delta z = f(x + \Delta x, y + \Delta y) - f(x,y)$$

可表示为

$$\Delta z = A\Delta x + B\Delta y + o(\rho)，$$

其中 A, B 是不依赖于 $\Delta x, \Delta y$ 而仅与 x, y 有关的量，且 $\rho = \sqrt{(\Delta x)^2 + (\Delta y)^2}$，则称函数 $z = f(x,y)$ 在点 (x,y) 处可微分，而 $A\Delta x + B\Delta y$ 称为函数 $z = f(x,y)$ 在点 (x,y) 处的全微分，记为 $\mathrm{d}z$，即

$$dz = A\Delta x + B\Delta y.$$

对于二元函数来说，可微则偏导数一定存在；偏导数存在而函数不一定可微；但如果偏导数存在且连续，则函数可微.

学习本章，要求掌握偏导数和全微分的概念，熟练掌握多元复合函数求导法以及隐函数求导法，会求多元函数的极值及条件极值.

总习题 4

（A）

1. 试述二元函数的极限定义. 如果当 $P(x,y)$ 沿某些直线途径趋近于 $P_0(x_0, y_0)$ 时，函数趋近于某一常数 A，能说函数的极限存在吗？

2. 如果二元函数 $z = f(x, y)$ 在点 $P_0(x_0, y_0)$ 的偏导数 $f_x(x_0, y_0)$ 和 $f_y(x_0, y_0)$ 都存在，那么它在 $P_0(x_0, y_0)$ 处的全微分是否一定存在？试举例说明.

3. 选择题

（1）函数 $u = \sqrt{\dfrac{x^2 + y^2 - x}{2x - x^2 - y^2}}$ 的定义域为（ ）.

A. $x < x^2 + y^2 \leqslant 2x$ B. $x \leqslant x^2 + y^2 < 2x$

C. $x \leqslant x^2 + y^2 \leqslant 2x$ D. $x < x^2 + y^2 < 2x$

（2）若 $f\left(x+y, \dfrac{y}{x}\right) = x^2 - y^2$，则 $f(x, y) = $（ ）.

A. $(x+y)^2 - \left(\dfrac{y}{x}\right)^2$ B. $x^2 \cdot \dfrac{1-y}{1+y}$

C. $x \cdot \dfrac{1-y}{1+x}$ D. $x^2 - y^2$

（3）函数 $u = \dfrac{1}{\sin x \sin y}$ 的所有间断点是（ ）.

A. $x = y = 2n\pi$

B. $x = y = n\pi (n = 1, 2, 3, \cdots)$

C. $x = y = m\pi (m = 0, \pm 1, \pm 2, \cdots)$

D. $x = n\pi, y = m\pi (m = 0, \pm 1, \pm 2, \cdots; n = 0, \pm 1, \pm 2, \cdots)$

（4）$\lim\limits_{(x,y) \to (0,0)} \dfrac{\sin xy}{x} = $（ ）.

A. 不存在   B. 1   C. 0   D. ∞

（5）函数 $z = f(x, y)$ 在点 $P_0(x_0, y_0)$ 处间断，则（　　）.

A．函数在 P_0 处一定无定义

B．函数在 P_0 处的极限一定不存在

C．函数在 P_0 处可能有定义，也可能有极限

D．函数在 P_0 处一定有定义，且有极限，但极限不等于该点的函数值

（6）对于二元函数 $z = f(x, y)$，下列关于偏导数与全微分的关系中正确的是（　　）.

A．偏导数不连续，则全微分必不存在

B．偏导数连续，则全微分必存在

C．全微分存在，则偏导数必连续

D．全微分存在，而偏导数不一定存在

4．求下列复合函数的偏导数：

（1）$z = u^v$，$u = \ln(x - y)$，$v = \mathrm{e}^{\frac{x}{y}}$，求 $\dfrac{\partial z}{\partial x}, \dfrac{\partial z}{\partial y}$.

（2）$z = \dfrac{\sin u}{\cos v}$，$u = \mathrm{e}^t$，$v = \ln t$，求 $\dfrac{\mathrm{d} z}{\mathrm{d} t}$.

5．设 $z = \dfrac{y}{f(x^2 - y^2)}$，验证 $\dfrac{1}{x} \cdot \dfrac{\partial z}{\partial x} + \dfrac{1}{y} \cdot \dfrac{\partial z}{\partial y} = \dfrac{z}{y^2}$.

6．设 $z = F\left(\dfrac{y}{x}\right)$，验证 $x \dfrac{\partial z}{\partial x} + y \dfrac{\partial z}{\partial y} = 0$.

7．设 $u = f(x^2 + y^2 + z^2)$，求 $\dfrac{\partial u}{\partial x}$.

8．函数 $z = z(x, y)$ 由方程 $x^2 + y^2 + z^2 = yf\left(\dfrac{z}{y}\right)$ 所确定，验证 $(x^2 - y^2 - z^2) \dfrac{\partial z}{\partial x} + 2xy \dfrac{\partial z}{\partial y} = 2xz$.

9．求：（1）函数 $z = x^2 + y^2 + 1$ 的极值；（2）函数 $z = x^2 + y^2 + 1$ 在条件 $x + y - 3 = 0$ 下的极值.

10．求原点与曲面 $z^2 = xy + x - y + 5$ 上的点之间的距离的最小值.

11．一个仓库的下半部是圆柱形，顶部是圆锥形，半径均为 6 m，总的表面积为 200 m² （不包括底面），问：圆柱、圆锥的高各为多少时，仓库的容积最大？

（B）

1．设 $f(x, y) = \begin{cases} \dfrac{x^2 y}{x^2 + y^2}, & x^2 + y^2 \neq 0, \\ 0, & x^2 + y^2 = 0, \end{cases}$ 求 $f_x(x, y)$ 及 $f_y(x, y)$.

2. 设 $w = f(x+y+z, xyz)$，f 具有二阶连续偏导数，求 $\dfrac{\partial w}{\partial x}$ 及 $\dfrac{\partial^2 w}{\partial x \partial z}$．

3. 设 $x = \mathrm{e}^u \cos v$，$y = \mathrm{e}^u \sin v$，$z = uv$．试求 $\dfrac{\partial z}{\partial x}, \dfrac{\partial z}{\partial y}$．

4. 求平面 $\dfrac{x}{3} + \dfrac{y}{4} + \dfrac{z}{5} = 1$ 和柱面 $x^2 + y^2 + 1$ 的交线上与 xOy 平面的距离最短的点．

参 考 答 案

习题 1-1

1. (1) $x > -1$ 且 $x \neq 1$；(2) $x \geqslant 0$；(3) $-3 < x < 3$；(4) $0 \leqslant x \leqslant 4$；(5) $x < -1$ 或 $1 < x < 2$；(6) $x \neq 1$.

2. (1) 相同；(2) 不同；(3) 相同；(4) 不同.

4. (1) 周期函数，$T = \pi$；(2) 非周期函数；(3) 非周期函数；(4) 周期函数，$T = \dfrac{2\pi}{\omega}$.

5. (1)(2) 为奇函数；(4)(5) 为偶函数；(3)(6) 为非奇非偶函数.

6. (1) $y = 3^u, u = \cos 4x$；(2) $y = u^2, u = \cos(2x + 1)$；

(3) $y = \ln u, u = x^v$，$v = \sin x$；(4) $y = e^u, u = -\sin v, v = x^2$.

7. (1) $y = \dfrac{2x - 1}{x - 1}$；(2) $y = \dfrac{\ln(1 - x)}{\ln 3}$；(3) $y = e^{x-1} - 1$；(4) $y = \dfrac{1}{2} \arcsin \dfrac{x}{3}$.

10. 总造价 $s = 2x^2 + \dfrac{4v}{x}$，x 为底边长，且 $x > 0$.

习题 1-2

1. (1) 收敛，0；(2) 收敛，1；(3) 收敛，1；(4) 发散；(5) 收敛，2；(6) 收敛，0.

习题 1-3

1. 不一定. 例如 $f(x) = x$，$g(x) = \sin \dfrac{1}{x}$，但是 $\lim\limits_{x \to 0} f(x)g(x) = 0$.

2. (1) $f(0^+) = 1, f(0^-) = -1$；(2) $f(0^+) = 0, f(0^-) = -1$；

(3) $f(0^+) = 1, f(0^-) = 1, \therefore \lim\limits_{x \to 0} f(x) = 1$.

5. $\exists \varepsilon > 0$, 对 $\forall \delta > 0$, 当 $0 < |x - x_0| < \delta$ 时，总有 $|f(x) - A| > \varepsilon$.

6. $\delta = 0.025$.

习题 1-4

1. (1) ∞；(2) ∞；(3) 0；(4) 0.

2．提示：令 $x = 2k\pi + \dfrac{\pi}{2}, k = 1, 2, \cdots, n, \cdots$，则 $\lim\limits_{k \to \infty} f(x) = \infty$；令 $x = 2k\pi, k = 1, 2, \cdots, n, \cdots$，则 $\lim\limits_{k \to \infty} f(x) = 0$．

3．$f(x)$ 必为无穷小，因为 $\dfrac{f(x)}{g(x)} = A + \alpha$，$\alpha$ 为无穷小，$f(x) = Ag(x) + \alpha g(x)$ 也为无穷小．

习题 1-5

1．（1）4；（2）$\dfrac{1}{6}$；（3）0；（4）$\dfrac{2}{3}$；（5）1；（6）$\sin 2a$；

（7）8；（8）$\dfrac{1}{2}$；（9）$\dfrac{n}{m}$；（10）$\dfrac{4}{3}$；（11）2；（12）$\dfrac{3^{70} \cdot 8^{20}}{5^{90}}$．

2．（1）∞；（2）0．

3．$a = 9$，$b = 6$．

4．提示：分子、分母同乘 $2^n \sin \dfrac{x}{2^n}$．

习题 1-6

1．（1）2；（2）0；（3）$\dfrac{5}{3}$；（4）1；（5）$\dfrac{2}{3}$；（6）0．

2．（1）e^{-2}；（2）e^6；（3）e^2；（4）e^{-1}．

3．（1）0；（2）e^2．

4．（1）0；（2）3．

习题 1-7

1．$x^2 - x^3$ 是 $2x - x^2$ 的高阶无穷小．

2．$a = 2$．

3．（1）$2 - x$ 和 $8 - x^3$ 是同阶无穷小而非等价无穷小；

（2）$2 - x$ 和 $\dfrac{1}{4}(4 - x^2)$ 是等价无穷小．

4．（1）$\dfrac{2}{3}$；（2）1；（3）4；（4）1．

5．（1）$\dfrac{n}{m}$；（2）5．

习题 1-8

2．在 $x=0$ 和 $x=1$ 处都不连续．

3．$a = \mathrm{e}^2$．

4．连续；不一定连续．

5．$a = 3$．

7．$a = 3$，$b = 4$．

8．$\alpha > 0$ 且 $\beta = -1$ 时连续．

总习题 1

（A）

1．(1) $\dfrac{1}{2}a^2$；(2) 0；(3) $\dfrac{1}{12}$；(4) e；(5) 1；(6) $\dfrac{1}{3}$；

(7) 0；(8) e^{-3}；(9) $a^x \ln a$；(10) $\mathrm{e}^{-\frac{1}{2}}$；(11) $3\ln a$；(12) ∞．

2．A　3．B　4．C　5．D　6．$a = 0$　8．$a = 2$．

（B）

1．A　2．C　3．B　4．B

6．(1) $f(x)$ 在 $[0,+\infty)$ 上无界；(2) $x \to \infty$ 时，$f(x)$ 不是无穷大．

9．$k = \dfrac{1}{2}$．

习题 2-1

1．(1) $-\dfrac{1}{x^2}$；(2) $-\sin x$；(3) $-\mathrm{e}^{-x}$；(4) a．

2．不可导．　3．连续、可导．

4．(1) $-k$；(2) $2k$；(3) $3k$．

5．(1) $5x^4$；(2) $\dfrac{3}{2}x^{\frac{1}{2}}$；(3) $(2\mathrm{e})^x(\ln 2 + 1)$；(4) $\dfrac{1}{x\ln 10}$．

6．$f'(x) = \begin{cases} \cos x, & x < 0, \\ 1, & x = 0, \\ 1, & x > 0 \end{cases} = \begin{cases} \cos x, & x < 0, \\ 1, & x \geqslant 0. \end{cases}$

7．切线方程为 $y - 1 = 1 \cdot (x - 0)$，即 $y = x + 1$；

切线方程为 $y - 1 = -1 \cdot (x - 0)$，即 $y = -x + 1$．

8．切线方程为 $y + \ln 2 = 2\left(x - \dfrac{1}{2}\right)$，即 $2x - y - 1 - \ln 2 = 0$．

9．$a = 2$，$b = -1$．

习题 2-2

1.（1）$3+\dfrac{1}{\sqrt{x}}$；（2）$3^x\ln 3+2e^x$；（3）$\cos 2x$；

（4）$\dfrac{1}{2\sqrt{x}}(\ln x+2)$；（5）$\dfrac{1-\ln x}{x^2}$；（6）$(x-2)(x-3)+(x-1)(x-3)+(x-1)(x-2)$.

2.（1）$\dfrac{1}{3}$；（2）-1.　　　　3.　$y=2x-2$ 或 $y=2x+2$.

4.（1）$-12x^3 e^{-3x^4}$；（2）$\dfrac{e^x}{1+e^{2x}}$；（3）$-\dfrac{1}{|x|\sqrt{x^2-1}}$；（4）$\sec x$；（5）$\dfrac{1}{(x-1)\cdot\sqrt{x}}$；

（6）$-\csc x$；（7）$2\sqrt{1-x^2}$；（8）$\dfrac{1}{\sqrt{1+x^2}}$；（9）$\dfrac{3}{2}\dfrac{1}{e^{3x}+1}$；（10）$\dfrac{1}{x^2}e^{-\sin^2\frac{1}{x}}\sin\dfrac{2}{x}$.

5.（1）$3x^2 f'(x^3)$；（2）$\sec^2 x\cdot f'(\tan x)+\sec^2[f(x)]\cdot f'(x)$.

6.　$-xe^{x-1}$.

习题 2-3

1.（1）$20x^3+24x-\cos x$；（2）$4\cos x-4x\sin 2x$；（3）$2xe^{x^2}(3+2x^2)$；

（4）$-\dfrac{1}{\sqrt{(1-x^2)^3}}$；（5）$-\dfrac{2(1+x^2)}{(1-x^2)^2}$；（6）$2\sec x^2\tan x$.

3.（1）$6xf'(x^3)+9x^4 f''(x^3)$；（2）$\dfrac{f''(x)\cdot f(x)-[f'(x)]^2}{[f(x)]^2}$.

4.（1）$60\left[\dfrac{1}{(x+1)^6}-\dfrac{1}{(x-1)^6}\right]$；（2）$\dfrac{3}{8}\cdot 4^n\cdot\cos\left(4x+n\cdot\dfrac{\pi}{2}\right)$.

习题 2-4

1.（1）$y'=\dfrac{y-e^{x+y}}{e^{x+y}-x}$；（2）$y'=\dfrac{4x-ye^{xy}}{xe^{xy}+3y^2}$；（3）$y'=-\dfrac{\sin(x+y)}{1+\sin(x+y)}$；（4）$y'=\dfrac{x+y}{x-y}$.

2.（1）$y''=-\dfrac{4}{y^3}$；（2）$y''=-2\csc^2(x+y)\cot^3(x+y)$.

3.（1）$y'=(1+x^2)^{\arctan x}\cdot\dfrac{\ln(1+x^2)+2x\arctan x}{1+x^2}$；

（2）$y'=\dfrac{1}{2}\sqrt{x\sin x\sqrt{1-e^x}}\left[\dfrac{1}{x}+\cot x-\dfrac{e^x}{2(1-e^x)}\right]$；

（3）$y'=\dfrac{\sqrt{x+2}(3-x)^4}{(x+1)^5}\left[\dfrac{1}{2(x+2)}-\dfrac{4}{3-x}-\dfrac{5}{x+1}\right]$.

4. 切线方程为 $y-1=ex$，即 $y=ex+1$；法线方程为 $y-1=-\dfrac{1}{e}x$，即 $y=-\dfrac{1}{e}x+1$。

5. （1）$\dfrac{\mathrm{d}y}{\mathrm{d}x}=\dfrac{\cos t-\sin t}{\sin t+\cos t}$；（2）$\dfrac{\mathrm{d}y}{\mathrm{d}x}=\dfrac{\mathrm{e}^y\cos t}{(2-y)(6t+2)}$。

6. （1）$\dfrac{\mathrm{d}^2y}{\mathrm{d}x^2}=\dfrac{3}{2}\mathrm{e}^{3t}$；（2）$\dfrac{\mathrm{d}^2y}{\mathrm{d}x^2}=\dfrac{(t^2+2t-2)(1+t^2)}{(t^2+2)^3}$。

习题 2-5

1. （1）当 $\Delta x=1$ 时，$\Delta y=3^3-8=19$，$\mathrm{d}y=12\times 1=12$；

（2）当 $\Delta x=0.1$ 时，$\Delta y=2.1^3-8=1.261$，$\mathrm{d}y=12\times 0.1=1.2$；

（3）当 $\Delta x=0.01$ 时，$\Delta y=2.01^3-8=0.120\,601$，$\mathrm{d}y=12\times 0.01=0.12$。

2. （1）$2x^2+c$；（2）$\dfrac{1}{\omega}\sin\omega x+c$；（3）$\ln(1+x)+c$；（4）$2\sqrt{x}+c$。

3. （1）$\mathrm{d}y=\left(\dfrac{1}{x}+\dfrac{1}{2\sqrt{x}}\right)\mathrm{d}x$；（2）$\mathrm{d}y=(\sin 2x+2x\cos 2x)\mathrm{d}x$；

（3）$\mathrm{d}y=2x(1+x)\mathrm{e}^{2x}\mathrm{d}x$；（4）$\mathrm{d}y=\dfrac{x}{(2-x^2)\sqrt{1-x^2}}\mathrm{d}x$；

（5）$\mathrm{d}y=2(\mathrm{e}^{2x}-\mathrm{e}^{-2x})\mathrm{d}x$；（6）$\mathrm{d}y=\dfrac{2(x\cos 2x-\sin 2x)}{x^3}\mathrm{d}x$；

（7）$\mathrm{d}y=\dfrac{3-y\mathrm{e}^{xy}}{x\mathrm{e}^{xy}-2y}\mathrm{d}x$；（8）$\mathrm{d}y=(1+x^2)^x\left[\ln(1+x^2)+\dfrac{2x^2}{1+x^2}\right]\mathrm{d}x$。

4. （1）$1.000\,02$；（2）$\dfrac{\sqrt{3}}{2}+\dfrac{\pi}{360}$。

总习题 2

（A）

1. 2.　　　　2. $1\,000!$。　　　　3. $x'(y)=\dfrac{x}{1+x\mathrm{e}^x}$。

4. 切线方程为 $y=2x$，法线方程为 $y=-\dfrac{1}{2}x$。

5. 切线方程为 $y-9x-10=0$ 或 $y-9x+22=0$。

6. $f'(x)=2+\dfrac{1}{x^2}$。

7. （1）$-\dfrac{1}{x^2+1}$；（2）$\dfrac{1}{1-x^2-\sqrt{1-x^2}}$；（3）$ax^{a-1}+a^x\ln a+(\ln x+1)x^x$；

（4） $\arcsin\dfrac{x}{2}$ ；（5） $2\tan x\sec^2 x\cdot f'(\tan^2 x)-2\cot x\csc^2 x\cdot f'(\cot^2 x)$.

8.（1） $2\arctan x+\dfrac{2x}{1+x^2}$ ；（2） $\dfrac{1}{2}(1+x^2)^{-\frac{3}{2}}$ ；

（3） $(-1)^{(n)}\cdot\dfrac{n!}{(x-2)^{n+1}}-(-1)^{(n)}\cdot\dfrac{n!}{(x-1)^{n+1}}$ ；（4） $\dfrac{3}{2}(-1)^n\left[\dfrac{n!}{(x-1)^{n+1}}-\dfrac{n!}{(x+1)^{n+1}}\right]$.

9.（1） $-\dfrac{\cos^2(x+y)}{\sin^3(x+y)}$ ；（2） $\dfrac{1}{f''(t)}$.

10.（1） $\mathrm{d}y=\mathrm{e}^{-x}[\sin(3-x)-\cos(3-x)]\mathrm{d}x$ ；（2） $\mathrm{d}y=-\dfrac{x}{|x|\sqrt{1-x^2}}\mathrm{d}x$.

（B）

1. D　　　　2. C　　　　3. D　　　　4. B　　　　5. $(2,+\infty)$

6. $\mathrm{e}^{3x}+3x\mathrm{e}^{3x}$　　7. $2\mathrm{e}^3$　　8. $y=-2x$.　　9. $\dfrac{3\pi}{2}$.　　　　10. $(-1)^{n-1}(n-1)!$.

习题 3-2

1.（1）2；（2） $-\dfrac{1}{8}$ ；（3）1；（4） $\dfrac{4}{\mathrm{e}}$ ；（5） $\dfrac{1}{3}$ ；（6）2；

（7） $\dfrac{2}{3}$ ；（8）1；（9）1；（10）3；（11）不存在；（12） e^2 .

习题 3-3

1. $f(x)=16+32(x-2)+26(x-2)^2+\dfrac{25}{3}(x-2)^3+(x-2)^4$.

2. $f(x)=1-9x+30x^2-45x^3+30x^4-9x^5+x^6$.

3. $f(x)=x-\dfrac{x^3}{3}+\dfrac{x^5}{5}-\cdots+(-1)^n\dfrac{x^{2n+1}}{2n+1}+o(x^{2n+1})$.

4. $f(x)=\ln 2+\dfrac{1}{2}(x-2)-\dfrac{1}{2\cdot 2^2}(x-2)^2+\dfrac{1}{3\cdot 2^3}(x-2)^3-\cdots+\dfrac{(-1)^{n-1}}{n\cdot 2^n}(x-2)^n+$

$o[(x-2)^n]$.

5. $f(x)=1-(x-1)+(x-1)^2-(x-1)^3+\cdots+(-1)^n(x-1)^n+\dfrac{(-1)^{n+1}}{[-1+\theta(x-1)]^{n+2}}(x-1)^{n+1}$

$(0<\theta<1)$.

6. $\tan x=x+\dfrac{1}{3}x^3+\dfrac{\sin(\theta x)[\sin^2(\theta x)+2]}{3\cos^5(\theta x)}x^4\ (0<\theta<1)$.

7. $f(x) = x^2 + x^3 + \dfrac{1}{2!}x^4 + \cdots \dfrac{1}{(n-1)!}x^{n+1} + o(x^{n+1})$.

8. $\sqrt{e} \approx 1.645$.

9. （1）3.107 2；（2）0.309 0.

10. （1）$-\dfrac{3}{2}$；（2）0.

习题 3-4

1. 在 $(-\infty, +\infty)$ 内单调上升.

2. （1）在 $(-\infty, -1]$ 和 $[4/3, +\infty)$ 内单调增加，在 $[-1, 4/3]$ 内单调减少；

   （2）在 $(0, 1)$ 内单调减少，在 $[1, +\infty)$ 内单调增加；

   （3）在 $(-\infty, 0), (0, \dfrac{1}{2}], [1, +\infty)$ 内单调减少，在 $\left[\dfrac{1}{2}, 1\right]$ 上单调增加；

   （4）在 $(-\infty, +\infty)$ 内单调减少.

6. 1.

8. （1）在 $(-\infty, +\infty)$ 内是凸的；（2）在 $(-\infty, 0)$ 内是凸的，在 $(0, +\infty)$ 内是凹的；
（3）在 $(-\infty, +\infty)$ 内是凹的.

9. $a = -\dfrac{3}{2}$，$b = \dfrac{9}{2}$.

习题 3-5

1. （1）在 $x = -1$ 处取得极大值 9，在 $x = 2$ 处取得极小值 -18；

（2）在 $x = 0$ 处取得极小值 0；

（3）$x = -2$ 处取得极小值 $\dfrac{8}{3}$，在 $x = 0$ 处取得极大值 4；

（4）$x = e^{-1}$ 处取得极小值 $\dfrac{1}{\sqrt[e]{e}}$.

2. $(1,1)$ 是驻点，是极小值点.

3. 在 $x = 2$ 处取极小值 $-3\sqrt[3]{4}$；在 $(-\infty, 2)$ 内单调减少，在 $(2, +\infty)$ 内单调增加.

4. （1）80；（2）8.

5. $x = -3$ 时能取到最小值，最小值为 27.

6. $x = \dfrac{a}{\sqrt{2}}, y = \dfrac{b}{\sqrt{2}}$ 时有最大值，最大值为 $2ab$.

总习题3

（A）

1. 2   5.（1）2；（2）$\dfrac{1}{2}$；（3）$e^{\frac{2}{\pi}}$. 7. $\sqrt[3]{3}$.

9.（1）在 $(-\infty,2)$ 内单调上升，在 $(2,+\infty)$ 内单调下降；（2）在 $\left(\dfrac{1}{2},+\infty\right)$ 内单调

上升，在 $\left(0,\dfrac{1}{2}\right)$ 内单调下降.

10.（1）$\dfrac{1}{3}$；（2）$\dfrac{1}{2}$.

11. 在 $x=1$ 处取极大值 2，在 $x=-1$ 处取极小值 -2.

（B）

1. B.

2. ak.

习题 4-1

2.（1）$(1,1,-1)$，$(-1,1,1)$，$(1,-1,1)$；（2）$(1,-1,-1)$，$(-1,1,-1)$，$(-1,-1,1)$；（3）$(-1,-1,-1)$.

3. $(0,1,-2)$.

5. 以 $(1,-2,-1)$ 为球心，半径为 $\sqrt{6}$ 的球面.

7. $x-3y-2z=0$.

8.（1）yOz 面；（2）平行于 xOz 面的平面；（3）平行于 z 轴的平面；（4）通过 z 轴的平面；（5）平行于 x 轴的平面；（6）通过 y 轴的平面；（7）通过原点的平面.

9. $y^2+z^2=3x$.

10. $3x^2-4(y^2+z^2)=18$，$3(x^2+z^2)-4y^2=18$.

习题 4-2

1. xy^{x+y}.   2. $f(x)=x^2-x$.

3.（1）$\left\{(x,y)\,\middle|\,xy>0\right\}$；

（2）$\left\{(x,y)\,\middle|\,x+y>0,x-y>0\right\}$；

（3）$\left\{(x,y)\,\middle|\,y-x>0,x\geqslant 0,x^2+y^2<1\right\}$；

（4）$\left\{(x,y,z)\,\middle|\,x^2+y^2-z^2\geqslant 0,x^2+y^2\neq 0\right\}$.

4．（1）1；（2）ln2；（3）2；（4）0．

5．（1）$(0,0)$；（2）$\left\{(x,y)\mid x-y\leqslant 0\right\}$；（3）$\left\{(x,y)\mid x^2+y^2\geqslant 1\right\}$．

习题 4-3

1．1,1．

2．（1）$z_x=\dfrac{1}{y\sin\dfrac{x}{y}\cos\dfrac{x}{y}}$，$z_y=\dfrac{-x}{y^2\sin\dfrac{x}{y}\cos\dfrac{x}{y}}$；

（2）$z_x=\dfrac{1}{y}\cos\dfrac{x}{y}\cos\dfrac{y}{x}+\dfrac{y}{x^2}\sin\dfrac{x}{y}\sin\dfrac{y}{x}$，$z_y=-\dfrac{x}{y^2}\cos\dfrac{x}{y}\cos\dfrac{y}{x}-\dfrac{1}{x}\sin\dfrac{x}{y}\sin\dfrac{y}{x}$；

（3）$z_x=\dfrac{1}{x+\ln y}$，$z_y=\dfrac{1}{y(x+\ln y)}$；

（4）$z_x=y\left[\cos(xy)-\sin(2xy)\right]$，$z_y=x\left[\cos(xy)-\sin(2xy)\right]$；

（5）$z_x=y^2(1+xy)^{y-1}$，$z_y=(1+xy)^y\left[\ln(1+xy)+\dfrac{xy}{1+xy}\right]$；

（6）$u_x=\dfrac{y}{z}x^{\frac{y}{z}-1}$，$u_y=\dfrac{1}{z}x^{\frac{y}{z}}\ln x$，$u_z=-\dfrac{y}{z^2}x^{\frac{y}{z}}\ln x$；

（7）$z_x=3x^2y-y^2$，$z_y=x^3-2xy$；

（8）$u_x=\dfrac{z(x-y)^{z-1}}{1+(x-y)^{2z}}$，$u_y=-\dfrac{z(x-y)^{z-1}}{1+(x-y)^{2z}}$，$u_z=\dfrac{(x-y)^z\ln(x-y)}{1+(x-y)^{2z}}$．

4．$\dfrac{\pi}{6}$．

5．（1）$z_{xx}=2y(2y-1)x^{2y-2}$，$z_{yy}=4x^{2y}\ln^2 x$，$z_{xy}=2x^{2y-1}(1+2y\ln x)$；

（2）$z_{xx}=\dfrac{xy^3}{(1-x^2y^2)^{\frac{3}{2}}}$，$z_{yy}=\dfrac{yx^3}{(1-x^2y^2)^{\frac{3}{2}}}$，$z_{xy}=\dfrac{1}{(1-x^2y^2)^{\frac{3}{2}}}$．

6．2，2，0，0．

习题 4-4

1．（1）$dz=\dfrac{1}{y^2+x^4}(2xydx-x^2dy)$；

（2）$dz=\left(\dfrac{1}{y}\cos\dfrac{x}{y}+\dfrac{y}{x^2}\sin\dfrac{y}{x}\right)dx-\left(\dfrac{x}{y^2}\cos\dfrac{x}{y}+\dfrac{1}{x}\sin\dfrac{y}{x}\right)dy$；

（3）$dz=\dfrac{2}{x^2+y^2}(xdx+ydy)$；

（4）$dz=\left[\cos(x-y)-x\sin(x-y)\right]dx+x\sin(x-y)dy$；

157

(5) $dz = e^{xy}(ydx + xdy)$；

(6) $du = x^{yz}\left(\dfrac{yz}{x}dx + z\ln x dy + y\ln x dz\right)$；

(7) $du = \dfrac{2}{x^2+y^2+z^2}(xdx+ydy+zdz)$；

(8) $du = \dfrac{z(x-y)^{z-1}dx - z(x-y)^{z-1}dy + (x-y)^z \ln(x-y)dz}{1+(x-y)^{2z}}$.

2. $\dfrac{1}{3}dx + \dfrac{2}{3}dy$.   3. 2.95.   4. 2.039.

习题 4-5

1. $z_x = xe^{x^3-y^3}(2+3x^3+3xy^2)$，$z_y = ye^{x^2-y^2}(1-x^2-y^2)$.

2. $z_x = \dfrac{2u\ln v}{y} + \dfrac{3u^2}{v}, z_y = \dfrac{-2ux\ln v}{y^2} - \dfrac{2u^2}{v}$.   3. $\dfrac{dz}{dt} = e^{\sin t-2t^3}(\cos t - 6t^2)$.

4. $\dfrac{dz}{dx} = \dfrac{e^x(1+x)}{1+x^2 e^{2x}}$.

5. （1）$u_x = 2xf_1' + ye^{xy}f_2'$，$u_y = -2yf_1' + xe^{xy}f_2'$；

（2）$u_x = \dfrac{1}{y}f_1'$，$u_y = -\dfrac{x}{y^2}f_1' + \dfrac{1}{z}f_2'$，$u_z = -\dfrac{y}{z^2}f_2'$；

（3）$u_x = f_1' + yf_2' + yzf_3'$，$u_y = xf_2' + xzf_3'$，$u_z = xyf_3'$.

8. $\dfrac{dy}{dx} = \dfrac{yx^{y-1}}{1-x^y\ln x}$.   9. $\dfrac{dy}{dx} = \dfrac{x+y}{x-y}$ 10. $z_x = \dfrac{yz}{\cos z - xy}$.

11. $z_x = \dfrac{z}{x+z}$，$z_y = \dfrac{z^2}{y(x+z)}$.   12. $z_x = \dfrac{xF_1}{zF_2}$.

习题 4-6

1.（1）极大值为 0；（2）极大值为 8；（3）极小值为 0.

2.（1）$\dfrac{1}{8}$；（2）$\pm\sqrt{5}$；（3）9.

3. 长、宽都是 $\sqrt[3]{2k}$，高为 $\dfrac{1}{2}\sqrt[3]{2k}$ 时，表面积最小.

4. 长为 $\dfrac{P}{3}$，宽为 $\dfrac{2P}{3}$.

5. $\left(\dfrac{8}{5}, \dfrac{3}{5}\right)$.

总习题 4

（A）

3．（1）B； （2）B； （3）D； （4）C； （5）C； （6）B.

7．$u_x = 2xf'(x^2 + y^2 + z^2)$．

9．（1）z 的极小值为 1；（2）$\dfrac{11}{2}$．

10．2.

11．圆柱高为 $\dfrac{18\sqrt{5}}{5}$ m，圆锥高为 $\left(\dfrac{50}{3\pi} - \dfrac{9\sqrt{5}}{5}\right)$ m．

（B）

1．$f_x(x,y) = \begin{cases} \dfrac{2xy^3}{(x^2+y^2)^2}, & x^2+y^2 \neq 0 \\[3mm] 0, & x^2+y^2 = 0; \end{cases}$

$f_y(x,y) = \begin{cases} \dfrac{x^2(x^2-y^2)}{(x^2+y^2)^2}, & x^2+y^2 \neq 0 \\[3mm] 0, & x^2+y^2 = 0. \end{cases}$

2．$\dfrac{\partial w}{\partial x} = f_1' + yzf_2'$，$\dfrac{\partial^2 w}{\partial x \partial z} = f_{11}'' + y(x+z)f_{12}'' + yf_2' + xy^2 z f_{22}''$．

3．$z_x = (v\cos v - u\sin v)\mathrm{e}^{-u}$，$z_y = (u\cos v + v\sin v)\mathrm{e}^{-u}$．

4．$\left(\dfrac{4}{5}, \dfrac{3}{5}, \dfrac{35}{12}\right)$．

附录　初等数学常用公式

一、三角公式

1. 三角函数恒等式

（1）$\sin^2 x + \cos^2 x = 1$；

（2）$\sec^2 x = \tan^2 x + 1$，$\tan^2 x = \sec^2 x - 1$；

（3）$\csc^2 x = \cot^2 x + 1$，$\cot^2 x = \csc^2 x - 1$；

（4）$\tan x = \dfrac{\sin x}{\cos x}$，$\cot x = \dfrac{\cos x}{\sin x}$，$\sec x = \dfrac{1}{\cos x}$，$\csc x = \dfrac{1}{\sin x}$.

2. 倍角公式与半角公式

（1）$\sin 2x = 2\sin x\cos x$；

（2）$\cos 2x = \cos^2 x - \sin^2 x = 2\cos^2 x - 1 = 1 - 2\sin^2 x$；

（3）$\tan 2x = \dfrac{2\tan x}{1 - \tan^2 x}$；

（4）$\cot 2x = \dfrac{\cot^2 x - 1}{2\tan x}$；

（5）$\sin^2 \dfrac{x}{2} = \dfrac{1 - \cos x}{2}$；

（6）$\cos^2 \dfrac{x}{2} = \dfrac{1 + \cos x}{2}$；

（7）$\tan \dfrac{x}{2} = \dfrac{1 - \cos x}{\sin x} = \dfrac{\sin x}{1 + \cos x}$；

（8）$\cot \dfrac{x}{2} = \dfrac{\sin x}{1 - \cos x} = \dfrac{1 + \cos x}{\sin x}$.

3. 和差公式

（1）$\sin(x \pm y) = \sin x\cos y \pm \cos x\sin y$；

（2）$\cos(x \pm y) = \cos x\cos y \mp \sin x\sin y$；

（3）$\tan(x \pm y) = \dfrac{\tan x \pm \tan y}{1 \mp \tan x\tan y}$；

（4）$\cot(x \pm y) = \dfrac{\cot x\cot y \mp 1}{\cot x \pm \cot y}$.

4. 和差化积公式

（1） $\sin x + \sin y = 2\sin\dfrac{x+y}{2}\cos\dfrac{x-y}{2}$ ；

（2） $\sin x - \sin y = 2\cos\dfrac{x+y}{2}\sin\dfrac{x-y}{2}$ ；

（3） $\cos x + \cos y = 2\cos\dfrac{x+y}{2}\cos\dfrac{x-y}{2}$ ；

（4） $\cos x - \cos y = -2\sin\dfrac{x+y}{2}\sin\dfrac{x-y}{2}$.

5. 积化和差公式

（1） $\cos x \cos y = \dfrac{1}{2}[\cos(x+y)+\cos(x-y)]$ ；

（2） $\sin x \sin y = -\dfrac{1}{2}[\cos(x+y)-\cos(x-y)]$ ；

（3） $\sin x \cos y = \dfrac{1}{2}[\sin(x+y)+\sin(x-y)]$ ；

（4） $\cos x \sin y = \dfrac{1}{2}[\sin(x+y)-\sin(x-y)]$.

6. 诱导公式

（1） $\sin\left(\dfrac{\pi}{2}-\alpha\right)=\cos\alpha$ ， $\cos\left(\dfrac{\pi}{2}-\alpha\right)=\sin\alpha$ ， $\tan\left(\dfrac{\pi}{2}-\alpha\right)=\cot\alpha$ ；

（2） $\sin(\pi-\alpha)=\sin\alpha$ ， $\cos(\pi-\alpha)=-\cos\alpha$ ， $\tan(\pi-\alpha)=-\tan\alpha$ ；

（3） $\sin(-\alpha)=-\sin\alpha$ ， $\cos(-\alpha)=\cos\alpha$ ， $\tan(-\alpha)=-\tan\alpha$.

二、代数公式

1. $1+2+3+\cdots+n=\dfrac{n(n+1)}{2}$.　　　　（等差数列求和公式）

2. $1+a+a^2+\cdots+a^{n-1}=\dfrac{1-a^n}{1-a}$ ；　　　（等比数列求和公式， $|a|<1$ ）

   $a^n-1=(a-1)(a^{n-1}+a^{n-2}+\cdots+a+1)$.

3. $(a\pm b)^2=a^2\pm 2ab+b^2$ ；　　　　　（和、差的平方公式）

   $(a\pm b)^3=a^3\pm 3a^2b+3ab^2\pm b^3$ ；　　（和、差的立方公式）

   $a^2-b^2=(a+b)(a-b)$ ；　　　　　（平方差公式）

   $a^3\pm b^3=(a\pm b)(a^2\mp ab+b^2)$.　　　（立方和、立方差公式）

4. 指数运算： $a^b\cdot a^c=a^{b+c}$ ； $a^b/a^c=a^{b-c}$ ； $(a^b)^c=a^{bc}$ ；

   　　　　　　 $(a\cdot b)^c=a^c\cdot b^c$ ； $(a/b)^c=a^c/b^c$ ； $a^0=1$ ； $a^{-1}=1/a$.

5. 对数运算： $\log_a(bc)=\log_a b+\log_a c$ ； $\log_a\dfrac{b}{c}=\log_a b-\log_a c$ ；

$$\log_a \frac{1}{b} = -\log_a b \ ; \quad \log_a b^c = c\log_a b \ ;$$

$$b = \log_a a^b \ , \quad 特别地, \quad b = \ln e^b \ ;$$

$$\log_a 1 = 0 \ , \quad \log_a a = 1 \ , \quad 特别地, \quad \ln 1 = 0 \ , \quad \ln e = 1 \ .$$

6. 基本不等式：$|x| < a \Leftrightarrow -a < x < a$ （其中 $a > 0$）；

$$|x+y| \leqslant |x| + |y|, \quad |x-y| \geqslant |x| - |y| \ ;$$

$a^2 + b^2 \geqslant 2ab$ ，也可写成当 $a, b > 0$ 时 $a + b \geqslant 2\sqrt{ab}$ 成立．

7. 一元二次方程 $ax^2 + bx + c = 0$ 的求根公式：$x_{1,2} = \dfrac{-b \pm \sqrt{b^2 - 4ac}}{2a}$ ．

三、平面解析几何

1. 直线方程：$y = kx + b$ ；（斜截式：斜率为 k ， y 轴上的截距为 b）

$y - y_0 = k(x - x_0)$ ；（点斜式：过点 (x_0, y_0) ，斜率为 k）

$\dfrac{x}{a} + \dfrac{y}{b} = 1$ ；（截距式：x 与 y 轴上的截距分别为 a 与 b）

$ax + by + c = 0$ ；（一般式）

两直线垂直 $\Leftrightarrow$ 它们的斜率为负倒数关系：$k_1 = -1/k_2$ ．

2. 二次曲线：

（1）圆：$\qquad x^2 + y^2 = R^2$ ，（圆心为 $(0,0)$ ，半径为 R）

$\qquad (x - x_0)^2 + (y - y_0)^2 = R^2$ ；（圆心为 (x_0, y_0) ，半径为 R）

半圆：$\qquad y = \sqrt{a^2 - x^2}$ ，（上半圆，圆心为 $(0,0)$ ，半径为 a）

$\qquad y = \sqrt{2ax - x^2}$ ．（上半圆，圆心为 $(a, 0)$ ，半径为 a）

（2）椭圆：$\dfrac{x^2}{a^2} + \dfrac{y^2}{b^2} = 1$ ．

（3）双曲线：$\dfrac{x^2}{a^2} - \dfrac{y^2}{b^2} = 1$ ．

（4）抛物线：$y = x^2$ （开口向上）；$y^2 = x$ （开口向右）；

$\qquad y = \sqrt{x}$ （开口向右，仅取上半支）．

四、排列与组合公式

1. 排列：$m \leqslant n$ 时，$\mathrm{P}_n^m = n(n-1)\cdots(n-m+1)$ ；

（全排列）$\qquad \mathrm{P}_n^n = n! = n(n-1)\cdots 3 \cdot 2 \cdot 1$ ，规定 $0! = 1$ ．

2. 组合：$\mathrm{C}_n^m = \dfrac{\mathrm{P}_n^m}{m!} = \dfrac{n(n-1)\cdots(n-m+1)}{m!} = \dfrac{n!}{m!(n-m)!}$ ，规定 $\mathrm{C}_n^0 = 1$ ．

参 考 文 献

[1]　同济大学应用数学系．高等数学．6 版．北京：高等教育出版社，2007．

[2]　吴赣昌．微积分（经管类）．3 版．北京：中国人民大学出版社，2009．

[3]　李忠，周建莹．高等数学．北京：北京大学出版社，2009．

[4]　林伟初，郭安学．高等数学（经管类）．上海：复旦大学出版社，2012．

[5]　陈传璋，金福临，等．数学分析．北京：高等教育出版社，2003．

[6]　蒋兴国，蔡苏淮．高等数学（经济类）．北京：机械工业出版社，2011．

[7]　李伟．高等数学．西安：西安交通大学出版社，2008．

[8]　陈文灯，等．高等数学复习指导——思路、方法与技巧．北京：清华大学出版社，2003．

[9]　朱雯，张朝伦，等．高等数学．北京：科学出版社，2011．

[10]　范周田，张汉林．高等数学教程．北京：机械工业出版社，2001．

[11]　刘玉琏，等．数学分析讲义．4 版．北京：高等教育出版社，2003．